L'AMOUR SAPHIQUE

L'AMOUR SAPHIQUE

À TRAVERS LES AGES ET LES ÈTRES

Ouvrage documentaire
sur la physiologie, la psychologie et la pathologie
de la passion homosexuelle féminine ou amour lesbien,
ses causes, ses origines, ses effets
et ses aberrations.

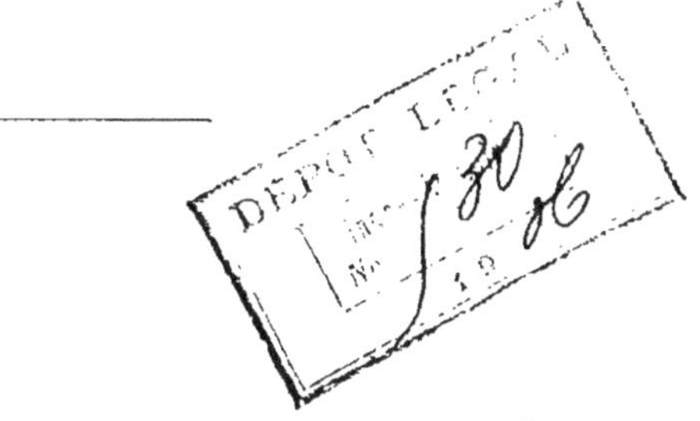

PARIS

CHEZ LES MARCHANDS DE NOUVEAUTÉS

AVANT-PROPOS

Bien que de nombreux livres aient déjà été écrits sur le sujet qui fait le fond du présent ouvrage, nous croyons néanmoins combler une lacune en l'offrant non au grand public, mais à ceux des lettrés qui s'intéressent aux problèmes de l'humanité et sont persuadés que, pour guérir celle-ci des tares dont elle est affligée, il ne faut pas redouter d'étudier à fond ces tares par tous les moyens que nous procurent la science spéculative et la science d'observation pratique.

Jusqu'à cette heure, les auteurs qui ont abordé cette question complexe de l'amour de la femme pour la femme et des relations unisexuelles féminines ne nous paraissent pas s'être trouvés dans les conditions favorables pour la traiter dans toute son ampleur ainsi que dans ses détails infinis.

Pour écrire un livre vraiment impartial, scientifique et documenté sur l'amour lesbien, il faut réunir en soi un certain nombre de qualités essentielles, sans que l'une l'emporte trop ostensiblement sur l'autre.

Il faut être philosophe sans pourtant s'en tenir aux seules spéculations morales, moraliste sans prud'homie, afin de noter l'influence de la passion saphique sur les mœurs et les individus sans s'attarder à la discuter, à la flétrir, sans se laisser aller à la dénaturer par vertueuse indignation, ou à en exagérer les effets et les conséquences, dans un but de moralisation stricte.

Il est nécessaire aussi, pour écrire sur le saphisme, d'être sérieusement versé dans les sciences physiologiques, les connaissances de la pathologie, sans pourtant être un praticien exerçant. Car, celui-ci, forcément, par suite de ses études, de son esprit spécialisé, s'attachera trop au côté physique de la question, sans accorder au domaine cérébral son immense part.

Il est indispensable d'être un psychologue averti, un observateur rompu à l'étude de l'humanité, pour surprendre les secrets de la nature féminine dans son ensemble aussi bien que dans chacun de ses individus.

Une connaissance large et profonde de l'histoire s'impose pour embrasser l'histoire sexuelle en son universalité.

Tout cela, le sommes-nous?

Il y aurait sans doute beaucoup de vanité à répondre oui.

Au moins, oserons-nous dire hardiment que si nous ne prétendons pas donner au public un ouvrage impeccable et résumant pour toujours la question, nous croyons nous trouver dans les conditions principales pour tenter de l'édifier.

Romancier, nous avons étudié patiemment et ardemment l'humanité, et particulièrement la femme.

Historien et philosophe, moraliste, comment ne le serait-on pas quelque peu quand on a passionnément lu et que les problèmes sociaux vous tiennent au cœur.

Ayant fait des études de médecine jusqu'au seuil de la pratique, la physiologie nous est familière, et dans notre métier d'écrivain, de notateur de l'âme humaine, la physiologie et la psychologie sont deux facteurs qui nous semblent égaux dans l'homme.

Au surplus, nos lecteurs jugeront de nos efforts et nous souhaitons sincèrement qu'ils éprouvent devant ces pages le sentiment que nous avons apporté quelque éclaircissement sur un sujet capital, et que pourtant, par suite d'une pudeur mal entendue, l'histoire laisse de côté et que l'on n'enregistre que furtivement et toujours de façon incomplète.

Nous pourrions terminer ces lignes ici. Cependant, nous croyons qu'il est de notre devoir d'exprimer quel est notre sentiment particulier sur le sujet que nous développons plus loin et quelle est notre tendance personnelle.

L'amour lesbien est-il condamnable au point de vue moral ? — Est-ce un vice honteux ? — Mérite-t-il la répréhension qui l'a presque toujours accompagné ?

Voilà des questions auxquelles le moraliste répondra sans hésiter par un « oui » indigné.

Cependant, le savant ne s'en tiendra pas à cette déclaration et y ajoutera celle-ci :

« L'amour lesbien est à n'en pas douter une dépravation de l'instinct génésique, dont les causes, souvent uniquement physiques, sont du domaine de l'aliénation mentale, ou physiques et intellectuelles, classent les sujets parmi les névrosées de tous les degrés. Mais, ce qu'il est indispensable de constater, c'est qu'actuellement, presque chez tous les humains, l'amour est dépravé, c'est-à-dire qu'il s'écarte plus ou moins de l'instinct de reproduction qui seul peut être dit naturel.

« Donc, à y regarder de près et sans prévention aucune, l'amour lesbien n'est ni plus anti-naturel, ni plus vicieux qu'une foule d'actes qui journellement ont lieu entre personnes d'un sexe différent, et qui satisfont leurs désirs dans un simple but de plaisir, en écartant la possibilité de la reproduction. »

Si l'on veut être juste et logique, l'on reconnaîtra que, du moment que, dans les relations sexuelles, l'on supprime volontairement le but normal de l'amour — l'enfant — et qu'on les pratique uniquement afin d'en obtenir des sensations agréables, il est tout identique au point de vue moral, que ces

sensations soient provoquées par un procédé ou par un autre.

Il est normal, naturel, qu'un mâle possède
une femelle et lui fasse un enfant, il est anti-
naturel et par conséquent vicieux qu'il jouisse
et fasse jouir sa compagne par des caresses
et des attouchements qui ont pour objet
d'éveiller des sensations voluptueuses et ne
remplissent aucunement le but naturel.

Or, ces caresses, ces attouchements accomplis par un individu du même sexe devien-
nent-ils par ce fait particulièrement vicieux?
— Pourquoi?

Le geste est anormal, voilà la vérité ; et il
est tout aussi bien anormal quand les sexes
sont intervertis que lorsqu'ils sont pareils.

Pourquoi pourrait-il être admis moral de
goûter du plaisir stérile avec un être d'un
sexe différent du sien, et immoral de rechercher des sensations pareilles ou analogues
solitairement ou en compagnie d'un individu
de son sexe?

Voilà ce que, en somme, il est difficile
d'imaginer.

La vérité est que l'opinion publique devrait être aussi sévère pour les couples de

sexes différents, unis par des liens légitimcs ou non, qui transgressent ensemble aux lois naturelles que pour les couples unisexuels.

La civilisation, l'agglomératiòn des individus et aussi les tares physiologiques ont donné à l'amour une place infiniment trop grande dans la vie des hommes. Ce devrait être, en réalité, un accident dans l'existence humaine, une préoccupation bonne pour l'extrême jeunesse et qui, le but naturel rempli, la famille fondée, s'effacerait devant des soucis plus graves, plus nobles et des plaisirs infiniment plus vifs procurés par l'esprit délivré de la sujétion, au fond purement animale, du désir.

Néanmoins, en l'état actuel des mœurs, où l'amour joue un rôle malheureusement prépondérant, il est utile d'examiner au microscope les passions plus ou moins dégénérées, afin de préciser le danger qu'elles font courir à l'humanité et de signaler où il y a plus particulièrement abus et crime.

Nous l'apercevons :

1º Envers soi, si ces pratiques sont employées avec excès et peuvent nuire à l'équilibre moral et matériel.

Notons en passant que l'abus sexuel est tout aussi à éviter et à craindre dans l'amour que l'on nomme normal et qui est tout aussi anti-naturel que l'amour saphique.

2° Si l'on s'adresse à un être dans une situation d'infériorité quelconque et qui ne se prête pas volontairement à vos désirs.

L'AMOUR SAPHIQUE

A TRAVERS LES AGES ET LES ÊTRES

I

L'ANATOMIE SEXUELLE FÉMININE

Nous croyons impossible d'entreprendre les études qui vont suivre sans donner d'abord quelques notions scientifiques et physiologiques sur la femme.

Ces notions devraient être familières à tous les adultes ; cependant, l'observation nous montre qu'elles ne le sont pas toujours, grâce à l'éducation sans largeur qui est donnée aux deux sexes et qui tient dans l'ombre tout ce qui touche aux sexes et à la génération.

Ceci, croyons-nous, va à l'encontre du but moral que l'on se propose, car la plupart du temps c'est de l'ignorance des vérités naturelles que naissent le vice, les habitudes funestes à l'esprit et au corps. C'est assurément l'absence de connaissances positives qui rend les mères absolument incapables de diriger d'une façon discrète, mais énergique, leurs enfants dans la voie de chasteté qui leur permettra de se développer sainement et vigoureusement.

Tout d'abord, il est nécessaire de se convaincre que, dans la nature, l'homme et la femme n'ont pas une organisation sexuelle aussi différente que le vulgaire s'imagine.

C'est dans ce fait que nous découvrirons les véritables causes physiques qui poussent parfois la femme à l'amour anti-naturel avec plus de force encore que des raisons d'ordre purement intellectuel.

L'histoire naturelle nous prouve qu'à l'origine du monde organisé, la cellule se reproduisait par fraction, puis par bourgeonnement ; qu'ensuite, l'individu était hermaphrodite, c'est-à-dire qu'il possédait en même temps les glandes sexuelles mâle et femelle et se reproduisait seul.

Enfin, des êtres possédant l'un ou l'autre sexe seul se formèrent.

Mais, pour comprendre la physiologie et la psychologie de ces mâles et de ces femelles, il est nécessaire de se rappeler qu'au début de la vie utérine, le fœtus a les deux sexes ; ou plutôt, que l'embryon possède un organe primitif d'où proviennent les glandes germinatives mâles ou femelles.

Si l'embryon devient mâle, cet organe se trans-
forme en deux testicules, qui descendent peu à
peu dans le canal de l'aîne et viennent se placer
dans le scrotum. S'il devient au contraire femelle,
les deux glandes sexuelles demeurent dans la
cavité abdominale et se transforment en ovaires.

Néanmoins chez l'homme et la femme, les
organes sexuels ne sont dissemblables que par
leur aspect extérieur ; leur structure interne, leur
but sont les mêmes. C'est par un phénomène
exactement pareil que les glandes mâles sécrètent
les spermatozoïdes destinés à féconder les ovules
femelles, et que les glandes femelles produisent
ces ovules qui, pour être aptes à former un être
complet, doivent être préalablement imprégnés
par les spermatozoïdes mâles.

Chez l'un ainsi que chez l'autre, l'irritation
sexuelle amenée par la formation dans les glandes
germinatives des ovules et des spermatozoïdes
est de même nature, et c'est elle qui prédispose
la femelle comme le mâle aux jouissances amoureuses.

Du reste, si nous examinons la conformation
extérieure des deux sexes, nous ne pouvons nier
une analogie entre les organes masculins et
féminins qui explique les particularités des tendances passionnelles que nous étudierons par la
suite.

Les organes génitaux
de la femme.

Chez la femme, l'urètre est beaucoup plus court que chez l'homme et d'un calibre plus large. A son extrémité externe, il présente un petit corps caverneux, appelé clitoris, qui correspond embryogéniquement à la verge de l'homme et particulièrement au gland. Comme ce dernier, il est spécialisé pour l'irritation sexuelle et possède des nerfs extrêmement sensibles.

C'est l'existence du clitoris et sa prédominance chez certaines femmes qui, non seulement provoque l'amour saphique, mais lui donne quelquefois un caractère tout particulier, que nous déterminerons lorsque nous étudierons les *inverties*.

Plus bas que l'ouverture de l'urètre se trouvent deux replis : l'un extérieur, revêtu de peau et appelé grande lèvre de la vulve ; l'autre intérieur, caché sous le premier, appelé petite lèvre de la vulve et recouvert d'une muqueuse plus fine.

Entre les deux petites lèvres se trouve l'ouverture sexuelle de la femme. L'ensemble des lèvres et de l'ouverture se nomme la vulve. Cette ouverture, distincte de celle de l'urètre, conduit à une cavité intérieure nommée vagin.

Le vagin a une profondeur de dix à douze centimètres, qui se termine en cul-de-sac entourant l'entrée de l'utérus ou matrice, dont le nom scientifique est « museau de tanche ».

Dans l'accouplement sexuel ou coït, la verge en érection de l'homme est introduite dans le vagin par la vulve et vient se poser, au moment de l'émission du sperme, sur l'ouverture du museau de tanche. C'est de cette façon que les spermatozoïdes peuvent pénétrer jusqu'à la cavité utérine, pour y rencontrer l'ovule qu'ils doivent féconder.

Les menstrues.

Toutes les trois semaines environ, un ou plusieurs ovules se forment dans l'ovaire de la femme et descendent dans la matrice pour y attendre la fécondation. Au moment de la formation de ces ovules, la muqueuse de la matrice se gonfle de sang à ce point que celui-ci transsude et s'écoule si l'ovule n'est point fécondé et ne capte point ce sang pour son développement particulier.

Cet écoulement sanguin mensuel de la femme est nommé menstrues ou règles.

Pendant que la femme en est affectée, suivant

les tempéraments, son irritabilité sexuelle disparaît ou, au contraire, est infiniment augmentée.

Du reste, quelles que soient les dispositions de la femme, il est nuisible à sa santé de se livrer aux jouissances sexuelles pendant les règles.

Elle doit, de même, éviter toute excitation nerveuse de quelque nature que ce soit, fuir les occasions d'émotion, d'effroi ou de chagrin. Tout ce qui peut la remuer intellectuellement de façon violente se répercute naturellement sur ses organes sexuels et peut exagérer l'afflux sanguin, causer des « pertes », c'est-à-dire un écoulement inusité et trop abondant.

Les menstrues ne sont pas nécessaires pour que la femme soit apte à ressentir le plaisir vénérien.

Les enfants encore non réglées et les femmes ayant dépassé cinquante ans et parvenues à la « ménopause », c'est-à-dire cessation des règles, possèdent néanmoins la faculté de jouir à l'égal des femmes réglées.

De même, les femmes châtrées par un procédé ou un autre sont susceptibles d'éprouver les mêmes sensations que celles qui possèdent leurs organes au complet.

Ce fait provient de ce que la sensibilité sexuelle

et les impressions passionnelles prennent naissance dans les fibres nerveuses du clitoris et
dans le cerveau, pour se transmettre ensuite à la
matrice avec plus ou moins de force.

L'orgasme vénérien.

On appelle orgasme vénérien l'espèce de
spasme qui termine ordinairement les attouchements, les frictions, les caresses diverses des
appareils génitaux de l'homme et de la femme.

L'orgasme vénérien est naturellement obtenu
chez les deux sexes par le coït, c'est-à-dire l'introduction de la verge masculine dans le vagin
de la femme ; mais l'homme et la femme l'éprouvent grâce à des moyens factices, qui souvent
leur paraissent préférables à l'acte naturel.

C'est de ce fait que pour la femme naissent les
deux dangers, qui sont l'onanisme, ou plaisir
solitaire ; le saphisme, ou plaisir pris en compagnie d'une autre femme.

Conclusion

De ces quelques notes brèves, il faut conclure
pour l'intelligence des pages qui suivront :

1° Que les glandes sexuelles sont de même origine chez l'homme et la femme;

2° Que les organes génitaux mâle et femelle sont plus différents en apparence qu'en réalité, et que le clitoris de la femme est la verge atrophiée de l'homme;

3° Que l'orgasme vénérien n'a pas besoin d'être provoqué par le coït ou accouplement naturel, chez la femme aussi bien que chez l'homme.

II

ÉTYMOLOGIE DES MOTS SAPHISME, LESBIEN, ETC.

Dans l'antiquité, l'île de Lesbos était célèbre pour la préférence que les femmes de ce lieu marquaient en amour pour les autres femmes.

Les Lesbiennes étaient donc renommées pour leur goût pour l'amour unisexuel ; qui disait « amour lesbien » entendait dire passion de femme pour une autre femme. De même l'expression « faire un voyage à Lesbos » voulait dire, si l'on parlait d'une femme, que celle-ci se disposait à aimer une de ses pareilles.

Ces expressions se sont perpétuées jusqu'à nos jours et désignent les mêmes choses, car chez les modernes aussi bien que chez les anciens la mode lesbienne s'est continuée et fleurit pour beaucoup de femmes.

1.

C'est à Lesbos que naquit et vécut la célèbre poétesse Sappho, qui pratiqua l'amour féminin de façon si éclatante et le célébra avec tant de beaux vers que son nom est devenu synonyme de passion lesbienne.

Une tradition, d'ailleurs erronée, veut que Sappho ait inventé l'amour de la femme pour la femme. C'est faux ; elle ne fit que suivre la coutume de son peuple, mais elle y introduisit une maestria qui lui vaut, à juste titre, la maternité de la passion qu'aujourd'hui l'on qualifie indifféremment de « lesbienne » ou de « saphique ».

Joueuse de lyre, poétesse, Sappho dirigeait une sorte d'académie musicale et poétique où elle ne recevait que des élèves femmes. Celles-ci arrivaient en foule auprès de la célèbre maîtresse, et la plupart d'entre elles partageaient la couche et se disputaient les caresses enflammées de la docte Sappho, qui n'avait guère pour elle que sa gloire, son ardeur et son grand génie poétique, car la tradition la dépeint comme petite, très noire de peau et fort maigre.

Chez les anciens, l'on regardait comme absolument légitime de prendre l'amour où on le trouvait, sans se préoccuper du sexe, ni des lois naturelles. Et, parmi ces peuples méridionaux, au remarquable raffinement intellectuel, la sensualité tenait une place prépondérante, qui paraît absolument exagérée aujourd'hui, où nos facultés cérébrales sont appelées vers des questions plus hautes et des buts plus élevés.

III

DÉFINITION DU SAPHISME

On entend par saphisme, ou amour lesbien, le désir physique qu'une femme éprouve pour une autre femme, accompagné ou non d'amour sentimental, et qui lui fait chercher, auprès d'un être de sexe pareil au sien, des sensations, des délires, des spasmes pareils ou analogues à ceux que provoque, chez la femme, son union sexuelle avec l'homme.

Cette passion, qui, indubitablement, est un dérivé de l'instinct génésique, paraît avoir existé de tout temps, dans toutes les sociétés et sur tous les points de la terre, plus ou moins répandue suivant les peuples et les époques.

Mais, depuis l'établissement du christianisme, la fondation du système familial encore en

vigueur de nos jours, son histoire est générale-
ment secrète, car les mœurs et les institutions ont
toujours réprouvé cette tendance qui soustrayait
la femme à l'influence de l'homme et l'induisait
à se refuser à la procréation : ce qui amène à
l'anéantissement de la race humaine.

Les lois et les coutumes françaises ont toujours proscrit les amours unisexuelles et particulièrement celles des lesbiennes; c'est dans les
mémoires secrets, dans les notes de police, dans
les confidences féminines à des avocats, à des
médecins, dans les dossiers d'affaires jugées à
huis-clos qu'il faut aller patiemment recueillir
les documents vécus qui permettent de recons-
tituer cette histoire de la volupté féminine qui,
bien qu'occulte et soigneusement dissimulée, la
plupart du temps, tient une si grande place dans
l'histoire du monde, depuis les temps les plus
reculés jusqu'à nos jours.

IV

ORIGINE DU SAPHISME. — LES SAPHISTES
DANS L'HISTOIRE. — LES GRANDES DAMES,
LES ARTISTES, LES FEMMES GALANTES,
DE L'ANTIQUITÉ A NOS JOURS.

Assigner une date à la naissance de cette passion serait absurde et dérisoire. Il est probable qu'elle se développa tout à l'origine des sociétés, alors que les mœurs commençaient à grouper les familles en tribus et que hommes et femmes se séparaient pour vaquer à des attributions spéciales dévolues plus particulièrement à l'un et à l'autre sexe.

Plus les sexes sont éloignés par les mœurs, plus les amours unisexuelles ont chance de se développer, le corps et l'esprit humain ayant besoin d'amour et ayant tendance à satisfaire ce besoin avec un être sympathique.

A travers les âges, la notoriété éclatante ou la médisance nous montre d'illustres femmes se livrant aux passions lesbiennes et démontrant par là que ces amours se poursuivaient au long des siècles.

Après Sappho l'illustre, voici Hélène, la femme de l'Empereur Julien qui, disait-on, se faisait amener journellement de jeunes Gauloises vierges pour les dépuceler de sa main et jouir de leurs baisers malhabiles, qu'elle stimulait à l'aide de verges impitoyablement maniées par ses suivantes romaines.

Isabeau de Bavière, célèbre par ses débordements, ne se contentait point de nombreuses amours masculines et, dit-on, faisait porter des cornes aux principaux grands seigneurs mariés de la cour de Charles VI.

Catherine de Médicis est également accusée d'avoir autant aimé les caresses de ses belles et ardentes femmes de chambre italiennes que son fils Henri III était friand de ses mignons.

La chronique scandaleuse unit la belle Mme de Chevreuse à la reine Anne d'Autriche et révèle tout bas les amours de la délicieuse Mme de Longueville qui chérissait autant ses amies que ses frères.

Y eut-il plus d'amours lesbiennes au dix-huitième siècle que dans les âges antérieurs ?... On serait tenté de le croire devant la multiplicité des aventures scandaleuses qui éclatent de toutes parts à cette époque.

En réalité, ce fut probablement égal à ce qui se passait précédemment et à ce qui se passe aujourd'hui, seulement les documents sont foison et fourmillent, surgissant de toutes provenances.

De plus, l'on n'est point arrêté pour citer tel ou tel nom, alors que la chronique contemporaine doit se taire, même lorsqu'elle est le mieux renseignée.

Au dix-huitième siècle, on parlait de tout avec hardiesse. La princesse palatine, belle-sœur du roi Louis XIV, racontait sans détour dans ses lettres aussi bien les amours de son époux Monsieur avec ses jeunes officiers, que les liaisons entre elles de telles ou telles dames de la cour.

C'est elle qui nous apprend qu'au su de tout le monde, à la cour, la seconde dauphine « couchait avec cette vieille guenippe de Mme de Maintenon », la complaisante maîtresse du vieux roi.

L'une des filles du Régent, Mlle d'Orléans qui devint abbesse de Chelles, est connue par ses folies et son amour effréné pour son sexe.

Les orgies de l'abbaye de Chelles firent scandale, même en un temps où les pires débauches ne soulevaient que le rire indulgent.

Entre autres bizarreries, l'abbesse inventa un soir de visiter son tombeau. Celui-ci avait été construit par ses ordres dans les cryptes de l'abbaye, aux côtés de la bienheureuse sainte Bathilde dont les restes étaient ensevelis dans ce caveau.

A dix heures du soir, ayant fortement soupé et bu, Mme de Chelles ordonna que l'on ouvrît le caveau, et à l'aide d'une échelle descendit, s'étendit sur la couche funèbre éclairée par une multitude de cierges. Puis, sans doute pour avoir par delà la mort de doux rêves, elle exigea que chacune des religieuses, ses subordonnées, vînt se coucher à côté d'elle et goûter en sa compagnie les plaisirs amoureux.

Les amours des actrices célèbres sont contées et plaisantées complaisamment dans tous les mémoires du temps. Mlles Clairon, Arnould, Raucourt étaient particulièrement connues pour leur passion du sexe féminin.

Plus tard il est incontestable que la liaison de Marie-Antoinette, reine de France, avec Mmes de Lamballe et de Polignac ne fut point une simple amitié ni même uniquement de la camaraderie dans les aventures galantes que la jeune épouse de Louis XVI aimait à nouer au hasard des soupers et des bals masqués.

Évidemment, on lui prêta plus de fantaisies qu'elle n'en eut, mais ses amours avec la Lamballe et la Polignac ressortent même des faits reconnus par tous les historiens.

Nous arrêtons les citations à cette date historique, parce que, touchant à la période contemporaine, le terrain devient brûlant et que nous sommes observateur et notateur hardi des faits historiques, mais nous détestons le rôle de pamphlétaire et d'indiscret.

Tout ce que notre examen attentif du temps présent nous a révélé, nous l'apporterons comme document nécessaire, mais en couvrant d'une ombre résolue les individus qui, pour nous, n'ont d'intérêt que comme démonstration des vérités scientifiques que nous voulons dégager dans cette étude.

Qu'il s'agisse d'aventures mondaines contées à l'oreille ou d'observations médicales recueillies dans les cliniques, les hôpitaux, les asiles ou les cabinets professionnels, nous voilerons avec soin les actrices, les victimes qui ont joué un rôle dans les scènes que nous rapporterons parfois, fourni leur document vécu à l'histoire générale du vice qui nous occupe.

V

LES SOCIÉTÉS SAPHISTES AU XVIIIe SIÈCLE

Nombre de sociétés galantes et secrètes réunissaient les deux sexes, au dix-huitième siècle, pour les orgies les plus variées, où l'amour lesbien comme la pédérastie avait sa place ; mais, une société appelée Anandryne, mot dérivé du grec qui signifie anti-homme, non seulement rassemblait uniquement des femmes pour célébrer le culte saphique, mais prohibait toutes les autres amours.

Mlle Raucourt, la célèbre actrice, était présidente de cette société, où l'on voyait les plus grandes dames du temps, la duchesse de Villeroy, la marquise de Senecterre, etc., etc.

De précieux détails de cette société nous sont transmis par une chronique du temps où l'auteur fait parler une jeune adepte qu'il nomme Mlle Sapho, et qui donne les plus minutieux détails sur les règlements, les engagements, les rites, l'initiation et le genre des orgies qui avaient lieu quotidiennement entre ces femmes folles du plaisir saphique.

Mlle Sapho explique :

« Les anandrynes sont vulgairement appelées des tribades. Une tribade est une jeune pucelle qui, n'ayant eu aucun commerce avec l'homme et convaincue de l'excellence de son propre sexe, trouve dans lui la vraie volupté, la volupté pure, s'y voue tout entière et renonce à l'autre sexe aussi perfide que séduisant. C'est encore une femme de tout âge qui, ayant rempli le vœu de la nature et contribué à la propagation du genre humain, revient de son erreur, déteste, abjure des plaisirs grossiers et se livre à former des élèves à la chaste déesse Vesta. »

Avec une éloquente abondance, Mlle Sapho vante les plaisirs lesbiens, au détriment de l'amour naturel.

« Par la malheureuse condition de l'espèce humaine, dit-elle, nos plaisirs sont pour l'ordinaire passagers et trompeurs. On les poursuit, on les obtient avec peine, et ils entraînent le plus souvent après eux des suites funestes. A ces caractères on reconnaît principalement ceux que l'on goûte dans l'union des deux sexes.

« Il n'en est pas de même des plaisirs de femme à femme ; ils sont vrais, purs, durables et sans remords. On ne peut nier qu'un penchant violent n'entraîne un sexe vers l'autre ; il est nécessaire même à la reproduction des deux ; et, sans ce fatal instinct, quelle femme de sang-froid pourrait se livrer à ce plaisir qui commence par la douleur, le sang et le carnage ; qui est bientôt suivi des anxiétés, des dégoûts, des incommodités d'une grossesse de neuf mois, qui se termine enfin par un accouchement laborieux qui vous tient pendant six semaines en danger de mort et quelquefois est suivi, durant une longue vie, de maux cruels et incurables.

« Cela peut-il s'appeler jouir? Est-ce là un plaisir vrai ?

« Au contraire, dans l'intimité de femme à femme, nuls préliminaires effrayants et pénibles, tout est jouissance ; chaque jour, chaque heure, chaque minute cet attachement se renouvelle sans inconvénient : ce sont des flots d'amour qui se succèdent comme ceux de l'onde, sans jamais se tarir (1). »

Et plus tard, Mlle Sapho fait le procès de la

---

(1) *Les Sociétés d'amour au XVIIIe siècle*, par HERVEZ. Daragon, éditeur.

virilité en parlant de l'inconstance forcée de l'homme et du peu de durée de sa puissance amoureuse.

« L'inconstance découle de la constitution, de l'essence même de l'individu viril. Il lui est souvent nécessaire de quitter ; la diversité des objets lui est une ressource infinie, double, triple, décuple ses forces : il fait avec dix femmes ce qu'il lui serait impossible de faire avec une. Cependant, il faiblit insensiblement, l'âge le mine, l'use ; il n'en est pas de même de la tribade, chez qui la nymphomanie s'accroît en vieillissant. »

Les réunions de la société anandryne avaient lieu dans une petite maison appartenant à Mme de Furiel, dont le mari occupait une haute situation dans la magistrature.

Extérieurement, ce domaine offrait l'aspect d'une innocente petite ferme ; mais, derrière les bâtiments, s'étendait un jardin rigoureusement clos et un pavillon spécialement disposé pour les orgies lesbiennes.

Jamais aucun homme n'était admis dans ce sanctuaire, où les tribades associées se réunissaient fréquemment par groupes intimes, ou en grandes troupes pour les cérémonies d'une nouvelle initiation.

Voici les détails que donne à ce sujet Mlle Sapho, jeune et jolie fille que l'on avait été quérir dans l'hospitalière maison d'une proxénète à la mode, et que l'on introduisit secrètement dans le pavillon.

« On m'apprit que je ne verrais point la maîtresse du lieu que je n'eusse reçu les préparations nécessaires pour paraître en sa présence.

« En conséquence, on commença par me baigner ; on prit la mesure des premiers vêtements que je devais avoir. Le lendemain, on me mena chez le dentiste de Mme de Furiel, qui visita ma bouche, m'arrangea les dents, les nettoya, me donna d'une eau propre à rendre l'haleine douce et suave. Revenue, on me mit de nouveau dans le bain ; après m'avoir essuyée légèrement, on me fit les ongles des pieds et des mains ; on m'enleva les cors, les durillons, les callosités ; on m'épila dans les endroits où des poils follets mal placés pouvaient rendre au tact la peau moins unie, on me peigna la toison que j'avais déjà superbe, afin que dans les embrassements les touffes trop mêlées n'occasionnassent pas de ces froissements douloureux semblables aux plis de rose qui faisaient crier les sybarites.

« Deux jeunes filles de la jardinière, accoutumées à cette fonction, me nettoyèrent les ouvertures, les oreilles, l'anus, la vulve, et me pétrirent voluptueusement les jointures pour me les rendre plus souples. Mon corps ainsi disposé, on y répandit des essences à grands flots, puis on me fit la toilette ordinaire à toutes les femmes, on me coiffa avec un chignon très lâche, des boucles ondoyantes sur mes épaules et sur mon sein, quelques fleurs dans mes cheveux. Ensuite on me passa une chemise faite dans la coutume des tribades, c'est-à-dire ouverte par devant et par derrière depuis la ceinture jusqu'en bas, mais se croisant et s'arrêtant avec des cordons. On me ceignit la gorge d'un corset souple et léger ; mon jupon et la jupe de ma robe, pratiqués comme la chemise, prêtaient la même facilité. On termina par m'ajuster une polonaise d'un petit satin couleur de rose dans laquelle j'étais faite à peindre. Au surplus, quoique légèrement vêtue et au mois de mars où il faisait encore froid, je n'en éprouvais aucun et je croyais être au printemps. Je nageais dans un air doux, continuellement entretenu tel par des tuyaux de chaleur qui régnaient tout le long des appartements. »

Le salon où avaient lieu les initiations occupait le centre du pavillon ; il était de forme ovale, éclairé seulement par en haut. On y voyait une statue de Vesta et le buste de Sappho ainsi que ceux de toutes ses amantes.

Au centre s'élevait un lit en forme de corbeille, et tout autour de la pièce s'étendaient des divans turcs garnis de coussins.

« Sur le lit reposent la présidente et son élève, placées en regard l'une de l'autre, les jambes entrelacées ; de même sont couchées autour de la salle, dans la même position, toutes les tribades par couples composés de la *mère* et de la *novice*, ou en termes mystiques de l'*incube* et de la *succube*.

« Toutes les mères sont vêtues de leur costume de cérémonie, lévite couleur de feu et ceinture bleue ; les novices en lévite blanche et ceinture rose, tous les jupons et chemises fendus et ouverts.

« Au signal donné, une des tribades gardiennes introduit la postulante et sa *mère*.

« Sur un réchaud brûle le feu sacré qui répand une flamme vive et odorante.

« Arrivée aux pieds de la présidente, la *mère* dit : « Belle présidente, et vous chères compagnes, voici une postulante. Elle me paraît avoir les qualités requises. Elle n'a jamais connu d'homme, elle est merveilleusement bien conformée, et dans les essais que j'en ai faits je l'ai reconnue pleine de ferveur et de zèle ; je demande qu'elle soit admise parmi nous. »

« Après ces mots, la *mère* et la *fille* se retirent pour laisser délibérer.

« Au bout de quelques minutes, l'une des deux gardiennes vient leur apporter le résultat du vote.

2

S'il est favorable, la postulante est admise à l'épreuve. On la déshabille, on lui donne une paire de mules, on l'enveloppe dans un simple peignoir, et on la ramène dans l'assemblée, où la présidente descendant de la corbeille avec son élève, la néophyte y est étendue toute nue.

« Naturellement, celle-ci frétille de toutes les manières pour se soustraire aux regards, ce qui est l'objet de l'institution, afin qu'aucun charme n'échappe à l'examen.

« Chaque couple vient successivement et exprime son acceptation en donnant à la jeune fille l'accolade par un baiser à la florentine. On lui donne alors le vêtement de novice, et elle prête aux pieds de la présidente le serment de renoncer au commerce des hommes et de ne rien révéler des mystères de l'assemblée. On donne un anneau d'or à la jeune fille, la présidente prononce un discours plein de conseils et l'on passe dans la salle du banquet.

« Au dessert, on boit les vins les plus exquis, l'on chante les chansons les plus gaies, les plus voluptueuses ; enfin, quand toutes les tribades sont en humeur et ne peuvent plus se contenir, l'on rentre dans le sanctuaire pour célébrer les grands mystères.

« Toutes les orgies se font ainsi avec quelque solennité, et non sans exciter l'émulation des tribades; car dans cette académie de lubricité il y a un prix décerné au couple le plus hardi : une médaille d'or où est représentée la déesse Vesta avec tous ses attributs. »

Dans une autre société, celle des *Aphrodites* qui admettait les deux sexes, il était admis que, lorsque les hommes feraient défaut, se reposeraient, ou s'amuseraient entre eux, les femmes sauraient se passer d'eux. Et comme en ce temps tout se rimait, voici les vers qui se colportaient :

> Il est des dames cruelles
> Et l'on s'en plaint chaque jour ;
> Savez-vous pourquoi ces belles
> Sont si froides en amour ?
> Ces dames se font entr'elles,
> Par un délicieux retour,
> Ce qu'on appelle un *doigt de cour*.

Du reste, Mlle Raucourt et tant d'autres ne se contentaient pas du temple anandryn, elles recevaient chez elles nombre de jolies inassouvies ou couraient la ville, déguisées en hommes, afin de satisfaire leurs passions.

Les chroniques du temps enregistrent toutes ces mœurs sans autrement s'en indigner, témoin le *Journal de Le Barbier*, qui était pourtant un bourgeois de vie paisible, nullement mêlé aux intrigues et aux orgies de l'époque, et qui relate celles-ci avec une paisible précision.

Les hommes donnaient du reste l'exemple, car l'amour unisexuel y florissait impudemment, proposé à l'attention du monde par les plus grands personnages.

VI

L'AMOUR LESBIEN MODERNE
SES DEUX GRANDES DIVISIONS : LA PASSION
SENSUELLE, LA PASSION SENTIMENTALE

Dans la grande armée des lesbiennes qui, presque avouées ou obstinément mystérieuses, nous coudoie, il faut séparer nettement deux groupes, qui obéissent chacun à des mobiles si différents qu'il est impossible de comparer entre elles celles qui les composent.

Dans le premier se réunissent toutes les hardies soldates de l'amour sensuel, les chercheuses avides de la seule sensation ; dans le second se précipitent les âmes tendres, déçues, chassées du sentier ordinaire par les vicissitudes de leur existence et les cruelles blessures que leur cœur reçut de la part des hommes.

2.

Les premières sont des voluptueuses qui s'inquiètent peu de l'âme de leur compagne, s'énivrent de plaisir ; elles parviennent parfois aux pires exacerbations des sens, aux exaspérations passionnelles les plus terribles, les plus effrayantes. Elles peuvent en arriver au sadisme et à la folie érotique. Elles sont toutes plus ou moins entachées de névrose de cause héréditaire ou acquise.

Les secondes, qu'exalte surtout leur imagination, lorsque leur passion dépasse les limites imposées par la raison, finissent quelquefois dans l'hystérie religieuse, la manie de la persécution, la folie mélancolique.

Bien entendu, nous ne parlons là que des complètes déséquilibrées, de celles chez qui leur passion prend une place disproportionnée dans leur pensée, leur cervelet et leur vie.

Les modérées, qu'elles soient sentimentales ou voluptueuses, mènent parfaitement de front de vives satisfactions sensuelles dues au commerce lesbien, ou des rêves saphiques sentimentaux fort doux avec une existence tout autre.

Il y a des lesbiennes invétérées qui ne s'en montrent pas moins bonnes épouses, bonnes mères et dont la réputation demeure éternellement inattaquée.

Ce fait se rencontre infiniment plus souvent

que ne veulent l'admettre les hommes qui posent en principe que la vie passionnelle d'une femme influe de façon capitale sur toute son existence, alors que, contrairement, ils établissent qu'un homme peut être un excellent père de famille, un homme grave et rangé, tout en s'accordant en dehors du foyer conjugal des distractions.

Néanmoins, il faut reconnaître qu'aussi bien chez l'homme que chez la femme, les passions sont de nature à porter atteinte aux autres sentiments plus calmes, et que les individus capables de soutenir à la fois une vie passionnelle accidentée et une existence familiale suffisamment soumise aux devoirs de celle-ci, sont rares.

Nous avons personnellement connu, pourtant, deux exemples de la possibilité de ce fait.

L'un était un homme, un docteur, père de famille tendre et dévoué, remplissant sa profession avec un zèle et une charité vraiment admirables, d'un talent exceptionnel, et qui se signala par des études et des ouvrages d'une valeur reconnue.

Sa vie intime était déplorable.

Sa passion la plus avouable était, à soixante-huit ans, une fillette de dix-huit, qui, du reste, le conduisit à un gâtisme précoce et une mort prompte.

Cependant, le tort de ses dérèglements fut

tout personnel et ne s'étendit point à la famille de cet homme, qui se montra excellent pour elle.

L'autre type que nous avons à citer était une femme.

Mariée à un personnage occupant en province une situation très élevée, elle mena pendant vingt ans une existence des plus mouvementées, tout en gardant une apparence de correction parfaite, menant une brillante vie mondaine et élevant trois enfants ni plus ni moins bien que les autres femmes de son milieu, de conduite irréprochable.

Elle goûta à tous les amours avec une fougue, un entrain, une gaieté inouïs; puis, l'âge venu, elle enraya et devint une charmante et spirituelle vieille femme.

Mais, nous le répétons, ces individus isolés, qu'il serait injuste de passer sous silence, ne sauraient néanmoins servir pour ébranler l'opinion que l'on doit avoir que, en général, une vie passionnelle active ne s'accomplit, pour l'homme aussi bien que pour la femme, qu'au détriment des sentiments et des devoirs qu'impose la famille.

VII

LES LESBIENNES SENSUELLES

L'amour saphique, lorsqu'il est pratiqué sans que les partenaires de ces jeux soient attirées l'une vers l'autre par un sentiment sincère, ou une illusion exaltée de tendresse, un besoin ardent d'affection, d'appui, n'est qu'une manifestation d'égoïsme et un violent désir de satisfactions sensuelles purement matérielles.

C'est parmi les saphistes que l'on trouve les passions les plus extrêmes, les plus répugnantes et parfois les plus terrifiantes. Jamais auprès d'un homme la femme n'arrive, comme aux côtés d'une autre femme, à outrepasser toutes les limites, à oublier toute pudeur, à se laisser glisser jusqu'à la bestialité, l'animalité la plus ignoble, la plus sinistrement burlesque.

Tombant aux pires excès, ou conservant quelque réserve, ces nouvelles citoyennes de Lesbos sont légion ; nous croyons que leur nombre dépasse de beaucoup celui des sentimentales amoureuses de la femme, c'est pourquoi nous parlerons d'elles les premières, en étudiant avec soin chacun de leurs groupes et les variétés essentielles qu'elles présentent.

Et cette recherche ne nous paraît pas inutile, car c'est avec le document humain vrai et hardiment précis que se constitue une histoire solide d'une race et d'une époque.

Chacun des types de la lesbienne sensuelle n'a qu'une ressemblance toujours retrouvée : la recherche du plaisir sensuel. Mais le mobile qui l'y pousse et la façon de se le procurer sont fréquemment fort différents.

Comment la femme voluptueuse devient-elle lesbienne ? Voilà une question qui souvent se pose, et que nous chercherons à élucider, non pas en nous servant d'une formule vide, élastique, mais en examinant chacun des cas-types qui se présentent.

Et, nous ferons observer que cette recherche n'a pas qu'un intérêt psychologique mais aussi un but moral. Si les mères étaient mieux instruites des vérités physiologiques, elles dirigeraient avec plus de sûreté et d'adresse leurs filles et leurs fils. Elles les garderaient non seulement des périls du dehors, mais de ceux du dedans ; elles sauraient les préserver des passions précoces et anormales par une hygiène morale et physique bien entendue.

Indubitablement, l'onanisme est la pratique qui, le plus souvent, conduit la femme vers le saphisme.

On le comprend aisément ; l'onaniste féminine, c'est-à-dire la femme qui pratique le plaisir solitaire par voie d'attouchements manuels, sera particulièrement prédisposée à chercher ou à accueillir une compagne pour des jeux destinés à faire passer le délicieux frisson dans les nerfs.

L'onaniste a éprouvé toutes les joies énervantes de l'amour; elle connaît le pouvoir des contacts ; elle aspire souvent à des caresses qu'elle est impuissante à se donner elle-même.

Dès qu'elle sait qu'elle se trouve près d'une compagne des mêmes plaisirs, elle se sent en communion : les confidences sont faciles entre femmes, et elles ne comportent aucun risque, car les unes et les autres ont un égal intérêt à se montrer discrètes.

Or, il est bien rare que les plaisirs solitaires contentent parfaitement celle qui s'y livre. Certaines femmes très orgueilleuses, ne voulant confier à personne leur faiblesse, d'autres pourvues d'une imagination débordante, se suffisent, mais, en général, l'amie partageant les ébats donne une saveur excitante à des jeux qui, à la longue, finissent par perdre de leur valeur.

Comment l'onanisme naît-il chez la femme ?

En général, il est pratiqué par la petite fille encore impubère, ignorante des lois de la nature et ne se doutant pas que ces frottements qui déterminent en elle une sensation si agréable sont du domaine de l'amour.

Bien que la conformation féminine n'expose pas la petite fille à des contacts extérieurs comme ceux qui s'imposent, pour ainsi dire, au petit garçon, beaucoup de causes peuvent amener l'enfant à porter la main à son sexe, ne serait-ce que le besoin d'uriner réprimé pour une cause ou une autre.

Souvent, la jouissance du frottement du clitoris est révélée à la petite fille par un amusement qui lui fait enfourcher une monture quelconque.

Dans les mémoires d'une grande dame du dix-huitième siècle, il nous est fait la hardie confidence que les premières sensations voluptueuses de l'héroïne lui furent causées par une rampe d'escalier, sur laquelle, étourdiment, elle s'était mise à cheval pour se laisser glisser.

Le pantalon n'existant pas à cette époque, les chairs intimes de la fillette se trouvaient en contact direct avec le palissandre lisse de la rampe. D'abord, elle ressentit, dit-elle, une fraîcheur délicieuse qui la pénétra tout entière, puis un énervement, et enfin, il lui sembla qu'un feu exquis entrait en elle. Les mains crispées, elle s'arrêta en route, puis se laissa glisser de nouveau jusqu'à ce qu'un tressaillement la secoua toute et la plongea dans une telle béatitude qu'elle faillit lâcher la rampe et être précipitée du deuxième étage sur les paliers inférieurs.

Un peu effrayée, mais ravie des sensations ignorées et qui venaient de lui être apportées par cet exercice vulgaire et en apparence si innocent, la fillette le recommença en cachette et y apporta peu à peu des raffinements.

Ses meilleures sensations lui étaient procurées, nous apprend-elle, par l'acte de se laisser d'abord glisser, puis, par la force des bras, de se remonter un peu avant de se laisser retomber plus bas.

Et, sa volupté fut portée à son comble à partir du jour où ses parties sexuelles s'humectèrent naturellement et lui permirent de subir le contact un peu brutal du bois sans une exaspération des muqueuses intimes trop prononcée.

Du reste, en pratiquant ce sport, la petite fille, tout en sachant faire quelque chose de peu esthétique et de bon à dissimuler, n'avait pas la moindre idée du genre de vibrations qu'elle déterminait en elle. Elle avait sept ans environ lorsqu'elle commença cette « fricarelle » de genre particulier, et ce fut près de dix ans plus tard qu'elle devina qu'elle avait ainsi préludé aux escarmouches amoureuses et lesbiennes, qui jouèrent par la suite un fort grand rôle dans son existence.

Ce que l'on peut poser en principe à l'usage des mères qui souhaitent préserver leurs enfants des habitudes fâcheuses, c'est que, si la prédisposition à l'onanisme ne dépend pas chez l'enfant d'une faiblesse de santé, d'un système nerveux déjà attaqué par des causes héréditaires auxquelles il est bien difficile de le soustraire, on peut l'en sauver par une habile hygiène intellectuelle et corporelle.

L'enfant très propre, bien nourrie, très occupée, très amusée, très entourée sera préservée tout naturellement de l'onanisme, qui est une joie d'affamée et d'isolée.

Que l'on examine avec soin les faits. Le cerveau de l'enfant tout comme celui de l'adulte a besoin d'occupation et d'amusement, de travail et de sensations agréables. Si on ne sait pas les lui fournir, il se les procurera.

L'enfant que l'on a adroitement obligée à fournir un travail musculaire et intellectuel modéré mais suffisant, à laquelle on a fourni quotidiennement une somme raisonnable de sensations gaies, agréables, meublé l'esprit de joie, s'endort le soir, sous vos yeux, dans une saine et profitable fatigue, sans songer, sans avoir besoin de la secousse nerveuse que procure l'onanisme.

L'onaniste, la petite fille maniaque qui arrive à ne s'endormir qu'après la pratique de son vice, c'est l'enfant qui a dépassé ses forces dans la journée et se trouve dans un état fébrile morbide ou qui, au contraire, n'a pas eu l'emploi de sa vigueur naturelle. C'est encore une enfant que l'on néglige, que l'on laisse s'endormir dans une chambre solitaire où elle se sent abandonnée, où elle a peur, ce qui l'incite à oublier ses terreurs et son abandon dans ses joies factices, qui au moins l'arrachent à ses sentiments pénibles.

Une femme qui vécut sous le règne vertueux et hypocrite de Louis-Philippe et qui eut la vie durant un renom d'austérité éclatant, fut en réalité une onaniste enragée et une furieuse lesbienne.

Mais, avec celle-ci, nous entrons dans le cycle des créatures originellement entachées de névrose et dont le vice ne provient pas du manque de surveillance ou d'une éducation maladroite.

C'est d'un docteur dont la spécialité gynécologique le mettait à même de recevoir bien des confidences féminines curieuses que nous tenons les détails suivants, ainsi que nombre des observations qui seront citées dans tout notre volume.

Elles sont, croyons-nous, nécessaires pour éclairer une question que l'on n'a jamais abordée jusqu'ici par son véritable côté, qui est surtout physiologique et pathologique.

« Armande » avait huit ans. Jamais elle n'avait eu conscience de ce qu'elle possédait au milieu du corps; les questions sexuelles lui étaient absolument étrangères et jamais aucun prurit ne l'avait incitée à quelque attouchement que ce soit.

Par suite d'un petit dérangement de santé, on lui appliqua le remède si en honneur à cette époque: un lavement.

La fillette, effarée, commença par se refuser énergiquement à l'opération, puis vaincue par les raisonnements, les menaces et les promesses maternelles, elle s'abandonna, étendue sur le ventre, yeux clos, bras voilant sa face congestionnée par les pleurs et l'épouvante.

Or, il arriva que l'introduction de la canule dans l'anus, loin de lui être pénible, lui causa une bizarre sensation d'énervement qui, jointe à l'état général d'excitation où elle se trouvait, finit par lui laisser une impression que, secrètement, elle désira retrouver.

Malheureusement pour ses nouvelles dispositions, ses entrailles capricieuses se refusèrent à provoquer l'administration du remède souhaité.

En vain, suggéra-t-elle timidement à sa mère qu'elle avait des douleurs abdominales, on la surveillait et on déclara que point n'était besoin de nouveau lavement.

Et la petite continuait à rêver de canule...

Enfin, n'y tenant plus, elle déroba le précieux instrument et courut se cacher au plus profond d'un grenier à foin où, étendue, tâchant mentalement d'imaginer une nouvelle scène pareille à la première, qui lui paraissait obligatoire pour amener la sensation que lui causerait la canule, elle procéda à l'introduction de l'objet dans son anus.

Ses sensations furent encore plus aiguës que la première fois.

Elle se résolut à recommencer l'expérience et dissimula l'objet.

Le lendemain, les jours suivants, dès qu'elle était libre de s'esquiver, elle courait demander ses joies favorites à la canule.

Jusqu'alors l'anus lui semblait le seul pertuis à explorer.

Pourtant, à la réflexion, elle imagina que peut-être bien cette autre cavité, qu'elle croyait uniquement destinée à rejeter l'urine, concevrait du bonheur à connaître la caresse de la chère canule.

Elle essaya, et, sans lui faire délaisser entièrement les visites de l'anus, les attouchements au vagin la comblèrent de plaisir.

Un fait remarquable à noter, c'est que, chez cette femme, le clitoris, d'habitude la principale source de volupté féminine, resta toujours frigide : le logis de ses sensations se localisait dans la profondeur du vagin et également dans l'anus.

A force d'user de la canule, il arriva que son diamètre exigu cessa de faire éprouver les ultimes sensations à la fillette — c'est pourtant cet objet qui avait eu les honneurs du pucelage de l'enfant. — Lors donc, elle chercha à remplacer l'auxiliaire de son plaisir par un autre plus volumineux. Ce qui obtint sa faveur fut un objet appartenant à sa mère et qu'elle déroba comme la canule sans que personne la soupçonnât du menu vol. Cet objet était un bâton en buis, arrondi du bout et allant en grossissant vers le haut. Son usage était de recevoir les boucles postiches de Mme X... afin qu'enroulées autour, elles prissent une ondulation élégante avant d'être suspendues dans la coiffure de la dame au milieu des autres boucles naturelles.

On se rappelle la coiffure féminine à cette

époque, aux environs de 1845. Un chignon et, de chaque côté du visage, une grappe de grosses boucles, ou vulgairement « tire-bouchons ». Il était rare que l'on possédât assez de cheveux pour fournir à cet étalage, d'où l'habitude d'intercaler adroitement quelques postiches.

Donc, le moule aux boucles fausses de Mme X… disparut du cabinet de toilette et vint procurer d'innombrables et énervantes jouissances à la jeune voleuse.

Et comme l'autre femme dont nous parlions précédemment, l'innocente sensuelle se livrait à l'acte amoureux en toute inconscience, se cachant soigneusement parce qu'elle eut été fort honteuse que l'on sût qu'elle s'amusait avec ce qu'elle considérait comme les organes seulement destinés à expulser du corps le surplus de la nourriture et qui, comme tels, lui paraissaient immondes.

Si nous insistons particulièrement sur l'histoire secrète de cette femme, c'est qu'elle est l'exemple frappant des aberrations pour ainsi dire machinales, où ni le cœur ni l'esprit n'ont de part, où tombent tant d'enfants et dont le devoir des mères vigilantes est de les garder.

Au point de vue médical, le cas d'Armande s'expliquait au début par la constipation extrême et presque perpétuelle dont était affligée cette enfant, par suite d'une nourriture qui ne convenait pas à son tempérament et d'une vie trop sédentaire.

Cette constipation, amenant un afflux sanguin anormal aux environs de l'anus, causait une irritabilité excessive aux nerfs proches qui se fondait en sensations sensuelles. La petite fille eût été soumise à un autre régime que jamais elle n'eût été conduite à cette aberration, qui s'ancra par la suite profondément en elle et modifia sa vie intime du tout au tout.

Elle arriva au mariage sans se douter d'avoir goûté par avance les sensations de l'union sexuelle et de n'apporter à son mari qu'un corps défloré.

Son ignorance la sauva de terribles angoisses concernant ce pucelage absent et que pourtant aucun homme n'avait cueilli.

Elle épousait un homme âgé, dans une belle situation. Aucun attrait ne la poussait vers lui, et à la vérité, son cœur ni ses sens — contentés par ailleurs à son insu — n'avaient parlé pour aucun autre homme. L'acte de l'union sexuelle la plongea dans la stupeur. Elle n'y trouva aucun plaisir parce que le compagnon lui faisait peur et qu'elle trouvait abominablement honteux de se livrer à deux à ce plaisir qu'elle ne concevait que solitairement et en cachette de tous.

Quant au pucelage absent, l'époux très troublé, peu vaillant, n'y vit que du feu.

Cependant, éclairée par le mariage, Armande, bien que sachant que ce qui lui secouait les nerfs si exquisement, c'était l'acte d'amour, Armande n'arrivait pas à souhaiter d'amant. Le coït restait pour elle quelque chose d'inacceptable de la part d'un homme. Elle avoua ses répulsions, ses pudeurs à une amie plus âgée, une lesbienne, qui l'encouragea fort dans ses répugnances et lui fit accepter beaucoup plus aisément ses bons offices.

L'intimité de femme à femme pour les actes indécents de l'amour paraissait beaucoup plus naturelle à Armande que celle avec un être de sexe différent.

D'ailleurs, jamais le désir de la sensation ne se lia en elle avec un élan de tendresse ; ses amies étaient tout juste pour elle ce qu'avaient été pour son enfance et sa première jeunesse la canule et le bâton à friser les boucles.

Et, bien qu'elle arrivât à goûter tous les raffinements de l'amour lesbien, sa préférence resta toujours à l'organe postiche, figuré par des objets divers, manié manuellement par l'amie, et introduit dans le vagin ou l'anus.

Jamais elle ne souffrit que ses amies, s'attachant le classique faux membre, la possédassent avec un simulacre d'élan masculin. Elle détestait l'enlacement, l'étreinte. Sa posture favorite continuait d'être étendue sur le ventre et de subir la pénétration de l'objet sans autre attouchement et surtout sans caresses. Elle détestait les baisers sur la figure et ne supportait pas les baisers sur la bouche. C'était par complaisance qu'elle tolérait que ses amantes l'embrassassent sur les seins et le corps, car elle n'y trouvait aucun plaisir et ces démonstrations l'agaçaient.

Tous ces détails prouvent qu'Armande était bien une victime de la manie contractée dans son enfance, à la suite de ces légers malaises dont une mère attentive l'aurait aisément préservée.

Une autre femme, que nous nommerons Henriette pour la commodité de la narration, parvint à l'onanisme et ensuite à l'amour saphique par suite de circonstances assez curieuses.

Nous en citerons les détails qui prouveront aux éducateurs que, si l'ignorance des vérités sexuelles dans laquelle on tient trop souvent les jeunes filles est un mal, il est par contre fort dangereux de les habituer à des spectacles grossiers ou lubriques.

Henriette était la fille d'un valet de chiens d'une importante meute appartenant à un gros propriétaire foncier. Dès son jeune âge, elle fut spectatrice des amusements et aussi des accouplements des élèves de son père. Et les gens simples et grossiers avec lesquels elle vivait ne se faisaient point faute de répondre à ses questions étonnées :

— Les bêtes, dame, c'est comme le monde, elles font l'amour !...

Elle avait environ treize ans lorsque, désireuse d'expérimenter l'acte d'amour sur elle-même, elle songea, non point à prendre un amant, mais à se fabriquer un engin qui lui apporterait, elle n'en doutait point, les transes visiblement agréables qui secouaient MM. les cabots journellement sous ses yeux.

Naturellement elle n'avait jamais vu d'organe viril ; et elle l'imaginait naïvement pareil à celui du chien, en plus gros, puisque la stature de l'homme était plus élevée.

Après avoir longuement réfléchi, voici comment elle édifia l'objet. Elle prit une carotte fraîche qu'elle pela et amenuisa de l'extrémité et dont elle arrondit soigneusement les contours. Ensuite, laissant dépasser le bout, elle colla une peau de gant fourré en conservant tout à l'extrémité supérieure une petite bande de fourrure.

Ceci exécuté lui donna d'inénarrables transports, rien que par la vue. L'usage ne la déçut point.

Cependant, ayant montré mystérieusement cet objet à une amie, femme de chambre au château, qui, au rebours d'Henriette, était beaucoup plus familiarisée avec les apanages masculins qu'avec ceux du chien, celle-ci éclata de rire et certifia à la fillette mortifiée que cette chose ne ressemblait que de fort loin à la nature.

Pour l'en convaincre, elle lui prêta son amant, l'un des laquais. Mais l'amoureuse des toutous fut déçue.

Devenue par la suite demi-mondaine, Henriette ne trouva jamais une satisfaction complète avec ses amants et goûtait des plaisirs beaucoup plus complets avec des femmes complaisantes et qui consentaient à se servir d'engins qu'elle faisait faire exprès pour son vice particulier.

Ce cas particulier démontre éloquemment le danger de laisser voir aux enfants des spectacles de nature à attirer leur attention sur les choses sensuelles. La grande erreur des parents est d'imaginer que le jeune âge de leur progéniture empêche celle-ci de remarquer des faits qu'elle ne peut comprendre. C'est au contraire durant la toute petite enfance qu'existe le plus grand danger. C'est à ce moment que se prennent les habitudes, que naissent les vices, que s'impriment les germes des aberrations qui entraînent plus tard l'individu en une voie néfaste.

Nous le répétons et nous ne cesserons de le répéter dans tout le cours de cet ouvrage : les excès sensuels, les aberrations, les vices qui affligent l'humanité, sont le résultat de lésions intellectuelles et physiques, qui proviennent soit de tares héréditaires que l'on aurait dû combattre activement, soit d'habitudes fâcheuses prises dès l'enfance, faute de soins, de surveillance et d'intelligence de la part des parents.

Appartenant à un monde tout à fait différent de celui de l'enfant dont nous venons de consigner l'histoire secrète, Mlle Alice M... connut des délices qui la faisaient presque tomber en pamoison lorsqu'elle accomplissait l'acte vulgaire et quotidien de se laver ses parties intimes avec une éponge douce. Au couvent, elle confia ses jouissances faciles à une compagne, et toutes deux s'ingénièrent pour pouvoir se les procurer en commun, ce qui n'était pas chose aisée, vu la surveillance dont elles étaient l'objet.

Prises un jour en flagrant délit de lavage intempestif, les amies furent sévèrement punies, ce qui ne fit qu'exaspérer leur désir de braver les défenses.

Ce fut alors qu'Alice eut l'idée que les lèvres et la langue étaient pour le moins aussi douces qu'une éponge et que, ces dernières leur étant confisquées depuis leur escapade, on pourrait user de la bouche pour retrouver la divine extase de la caresse intime.

Au contraire des femmes que nous avons précédemment étudiées, Alice et son amie ne ressentaient de sensations agréables qu'au clitoris, et par suite d'un frottement très doux et très léger. Jamais l'idée ne leur vint d'explorer leur vagin et elles restèrent pucelles tout aisément.

La nuit, quand tout dormait dans le dortoir, soit Alice, soit sa complice se glissait jusqu'au lit de l'autre, et le baiser intime alternait, donné tantôt par l'une, tantôt par l'autre.

L'amie d'Alice ayant été retirée du couvent, la jeune fille, privée de sa compagne de délices, fut cruellement sevrée. Aucune de ses amies ne lui parut assez discrète pour obtenir ses confidences, et il fallut qu'une pensionnaire beaucoup plus âgée et ayant deviné les relations de ses deux camarades vint lui faire de claires propositions.

Une nouvelle liaison commença. Mais, ce n'était plus cette recherche ingénue d'une sensation dont ni l'une ni l'autre des fillettes ne connaissait la nature, Mlle Denise avait lu en cachette énormément de romans archi-défendus, elle savait ce que c'était que Lesbos et quels rites étaient célébrés par la divine poétesse Sappho et ses élèves. Plus cérébrale que véritablement sensuelle, Denise « faisait de la littérature » en caressant la jeune Alice. Elle s'enflammait pour le bel amour féminin et clamait son mépris et son dégoût de l'homme. Ce qui ne l'empêchait pas de nommer Alice « Henri » durant leurs expansions, et de se désoler que l'impuberté de sa petite amie la privât d'une « moustache » que l'ardente Denise eût aimé à caresser.

Nous profiterons de l'occasion pour nous élever contre la détestable coutume de l'internement des enfants, filles ou garçons.

Si ce déplorable système d'éducation cloîtrée existe encore de nos jours, c'est grâce à la pudeur néfaste qui clôt les bouches, enterre les tristes histoires de ces lieux où fatalement l'enfance se fane, se déflore, glisse au vice, aux aberrations, aux folies qui parfois ruinent à jamais le cerveau et le corps.

L'enfant, comme la plante, a besoin de lumière, d'isolement, d'air pur autour de lui pour se développer sainement et normalement.

Tout, dans le couvent, la pension, le lycée va à l'inverse de ce qu'il lui faut. Les conditions d'existence matérielles sont défectueuses. La nourriture insuffisante, mauvaise, nullement appropriée aux tempéraments divers, prédispose à l'anémie, aux désordres de l'estomac, de l'intestin, fournit mal aux besoins d'un corps qui est en pleine voie de développement.

L'exercice est presque nul, l'air des dortoirs, des salles d'étude mauvais. Enfin, et surtout, le manque de l'affection maternelle, la sujétion, l'ennui d'une existence monotone, enfermée, l'agglomération des individus produisent de fatales perturbations chez les jeunes individus.

Moralement et matériellement, tout concourt pour l'enfant interné à appeler son attention sur des organes qu'il importe pour son avenir d'homme ou de femme de laisser intacts et indifférents le plus longtemps possible.

Plus l'imagination de l'enfant est occupée, plus ses membres se livrent à un sain et naturel exercice, moins la préoccupation sensuelle est à craindre pour lui.

Ensuite, l'enfant dans sa famille, défendu par les siens, n'a pas à redouter le contact d'êtres anormaux, déjà pervertis consciemment ou inconsciemment.

Trop souvent, dans les couvents, l'onanisme et le saphisme sont enseignés, imposés à la petite fille faible et ignorante par l'éducatrice elle-même qui satisfait ses vices. D'autres fois, il suffit d'une fillette vicieuse pour contaminer toute une institution.

Dans tous les cas, l'enfermement produit dans

les cerveaux d'enfants un état morbide, propice
pour le développement de toutes les manies, de
toutes les tares qui affligeront plus ou moins
son individu devenu adulte.

Lorsque l'enfant est sauvé du vice, il contracte
n'importe quelle autre monomanie, la prédisposition morale à la mélancolie, aux effrois tenaces
pour tels ou tels objets, telles ou telles choses.
Nous avons connu, entre autres, une femme qui
n'avait jamais pu se guérir d'une terreur folle,
obsédante, du silence, de l'obscurité et des grandes pièces sombres, contractée durant son enfance
passée dans un vieux cloître. Mariée, devenue
mère de famille, elle ne se plaisait qu'en de petites
pièces, très garnies de meubles, préférait un
appartement à une maison isolée et ne se serait
pas privée de lumière pendant la nuit pour un
empire.

Obligée de passer un hiver à la campagne,
dans une maison assez vaste, elle y avait pris
une sorte de maladie nerveuse, causée par ses
effrois irraisonnés qu'elle arrivait à réprimer à
force de volonté, mais qu'elle ne pouvait empêcher de naître en elle et de la bouleverser.

VIII

LA SENSUALITÉ CHEZ LA FEMME

La femme manque, pense-t-on, des organes capables de procurer du plaisir sensuel à une autre femme. Ceci n'est pas d'une vérité absolue; car, si l'on a le pouvoir d'obtenir les confidences intimes de nombre de femmes, l'on se convaincra que la plupart d'entre elles — nous parlons des Françaises — ressentent la volupté spécialement par le clitoris, organe qui, pour vibrer voluptueusement, n'a nul besoin du contact des organes masculins.

La volupté féminine, en dehors de la question cérébrale, et pour s'en tenir au point de vue uniquement matériel, siège principalement dans le vagin et au clitoris.

Chez presque toutes les femmes, la sensation

vaginale ne naît qu'après l'excitation du clitoris.

Chez beaucoup, après l'ébranlement nerveux extrêmement voluptueux ressenti au moyen du clitoris caressé ou frotté, il faut la pénétration vaginale pour que l'acte d'amour soit complet, clos pour ainsi dire.

Chez certaines, le jeu du clitoris suffit pour déterminer le spasme final, et la pénétration vaginale est inutile, même parfois désagréable ou pénible.

La femme toute clitoridienne est une lesbienne née et parfaite.

Les organes naturels de ses compagnes, les doigts et les lèvres, lui suffiront amplement pour les extases suprêmes.

Celle à qui la pénétration vaginale est agréable est une lesbienne de second degré, pour laquelle ses amies devront se munir d'organes postiches pour lui donner le bonheur complet.

Si, de plus, il faut qu'elle ait l'illusion d'être possédée par un mâle, c'est la fausse lesbienne, la disciple par occasion et faute de mieux de Sappho.

L'étude de quelques cas de « pures » lesbiennes nous offrira d'intéressants exemples.

« Pauline », à vingt et un ans, mariée depuis dix-huit mois, n'avait jamais encore ressenti le frisson amoureux avec son mari. Plus coquette

que sensuelle, elle avait bien parfois, petite fille,
obtenu quelques sensations en se masturbant ;
mais, après la puberté, un effroi de se faire mal,
l'inconnu de ce sexe qui, à vrai dire, ne la tour-
mentait point, l'avaient fait s'abstenir totalement
de ces pratiques.

Son mari lui plaisait ; ses baisers, ses paroles
d'amour l'excitaient cérébralement, mais rien ne
se transmettait au siège précis de l'amour.

Or, par suite de la conviction de tant de
jeunes maris qu'il faut « respecter » sa femme,
« Louis » avait pris possession de Pauline dans
les plus générales et déplorables conditions.

Après quelques chastes baisers, sans une
caresse hardie préparatoire, sans essayer d'attouchements au clitoris ou la vulve, qui eussent
pu déterminer chez la jeune mariée un ébranlement voluptueux, le désir de la possession ou
tout au moins lui faire admettre corporellement
celle-ci, Louis leva la chemise de sa compagne,
écarta ses jambes et se satisfit.

Nous insistons sur ces détails répugnants parce
que seuls, dans leur crudité vraie, ils expliquent
l'horreur qu'éprouvait la jeune femme et les conséquences fatales de cette horreur.

Le dépucelage, toujours douloureux, devient
absolument atroce d'angoisse et de souffrance
lorsqu'il a lieu dans une chair complètement

froide et sans qu'aucun des palliatifs naturels n'entre en jeu.

Blessée, endolorie, éprouvant une frayeur et une répulsion extrêmes pour l'acte qu'elle venait de subir, Pauline, retenue par ses timidités et ses pudeurs de jeune fille de la veille, n'osa se refuser au renouvellement de l'acte conjugal.

Il s'accomplit comme premièrement, et l'introduction de la verge dans les muqueuses gonflées, meurtries par l'épreuve de la veille, fut presque aussi douloureuse que les premiers jours pour la jeune épouse.

Elle était bien loin, la pauvre petite, des voluptés du mariage.

Et les semaines, les mois passèrent. Son sexe, enfin ouvert, n'était plus douloureux ; mais le jeune mari demeurait dans sa réserve première, considérant que les jeux manuels, que les caresses voluptueuses sont de la dépravation, continuait à posséder un être inerte, répugné et dont la passivité lui semblait la preuve d'une honnêteté dont il se félicitait vivement.

Sans tempérament, cette femme-là ne le tromperait jamais !...

Or, il arriva que Pauline raconta ses déceptions à une amie. Celle-ci compatit et lui révéla que son histoire conjugale était exactement pareille, mais, qu'elle, elle n'en souffrait guère, car elle avait l'habitude des délices solitaires. Elle vanta tellement les merveilles digitales, elle rassura si bien l'innocente Pauline sur les conséquences de cet acte sur la santé, que la jeune femme fort émoustillée suivit les conseils donnés.

Elle retrouva, centuplées, les joies qu'elle avait effleurées, petite fille; et, en peu de temps, les caresses solitaires lui devinrent un besoin ; tout son être naquit à la volupté.

Mais, l'acte conjugal lui demeurait tout aussi désagréable. Son mari, malgré son charme physique réel, lui apparaissait stupide, gauche, ridicule. Secrètement, elle le détestait de n'avoir su que lui inspirer du dégoût, de la douleur, des nausées, durant ce long apprentissage conjugal où, lui, trouvait du plaisir sans chercher à en faire naître.

Plus encore que par le passé, elle cherchait à éviter l'odieuse corvée et éloignait les étreintes sous un prétexte ou un autre.

D'un autre côté, à force de parler d'amours, d'intimités, de joies secrètes, les deux amies énervées, enfiévrées, en arrivèrent peu à peu à de plus grandes libertés. Après d'innocents tripotages, la caresse au sexe fut pratiquée, et les deux femmes furent définitivement sacrées lesbiennes.

Toutes deux étaient des jouisseuses clitoridiennes, et les spasmes amoureux naissaient en elles uniquement grâce au frottement de l'organe qui, en réalité, n'est autre que la verge masculine à l'état d'embryon.

Nous citerons un autre cas où le besoin de volupté dégénéra jusqu'à la manie et le sadisme chez une femme, véritable monstre sous ses apparences correctes et son irréprochable tenue extérieure.

Mme B... durant vingt ans de mariage n'avait jamais goûté de joies durant l'acte de possession auquel elle se soumettait, par complaisance pour son mari. En revanche, celui-ci la satisfaisait de son mieux, par des caresses manuelles et linguales qui mettaient la dame au comble du bonheur.

Devenue veuve, déjà âgée de quarante-cinq ans et ayant un gros souci de sa réputation, Mme B... se trouva cruellement privée de jouissances qu'elle ne voulait point demander à des amants. Lesbienne, elle l'eût été volontiers, mais encore fallait-il trouver une partenaire, et dans certains milieux bourgeois restreints et hypocrites, ce n'est point si facile.

Se familiariser avec une femme de chambre, c'est gros de dangers.

Mme B... passa deux années dans les tortures,

car les plaisirs solitaires ne la contentaient pas, il lui fallait la sensation qu'une main étrangère la caressait, et de plus, ce qu'elle préférait, c'était le titillement lingual.

Enfin, après de longues réflexions, elle trouva le joint, qui, malheureusement, la transforma en la pire criminelle imaginable.

Sans enfants, possédant une large aisance, dans une honorable situation, elle obtint de l'Assistance publique qu'on lui livrât une fillette d'une dizaine d'années, avec promesse de l'adopter à sa majorité.

Cette enfant, qu'elle avait exprès choisie chétive, d'esprit plutôt borné, devait devenir son souffre-douleurs et son porte-voluptés.

A peine la petite fut-elle entrée chez elle que la veuve, sous le prétexte de se faire aider dans sa toilette intime, força cette malheureuse enfant à des pratiques qui n'ont rien de désagréable pour ceux auxquels l'excitation sensuelle les fait imaginer, mais qui deviennent un abominable devoir pour l'être sans passions que l'on contraint à des actes qu'il ne comprend point et dont il ne voit que l'obscénité répugnante.

A force de menaces, Mme B... obtint le silence de sa fille adoptive et, des années durant, celle-ci servit à la contenter, véritable martyr des passions inextinguibles de la veuve.

Une question est souvent posée par les moralistes, les philosophes raisonnant sur l'éternel sujet des passions : la femme est-elle plus froide que l'homme ? Est-elle aussi sujette que lui au délire des sens ?

Beaucoup concluent, d'après les on-dit et leurs propres observations, que la femme est surtout sentimentale et que les véritables sensuelles sont une rareté.

Voici ce que dit à ce propos l'éminent docteur Forel, ancien professeur de psychiatrie à l'Université de Zurich, auteur du si remarquable, si hardi et si substantiel ouvrage, *la Question sexuelle exposée aux adultes cultivés.*

Disons tout d'abord que, si nous admirons grandement l'ensemble de l'œuvre et la plupart de ses détails, ce qui se rapporte à la psychologie physiologique de la femme ne nous paraît pas être indemne de critiques. Le docteur Forel, qui, dans toutes les autres parties de son ouvrage, s'est affranchi de tous les préjugés avec résolution, cède là un peu à l'opinion courante, faute probablement d'avoir été à même par son sexe et sa vie de savant de pénétrer réellement dans le mystère de l'âme féminine.

« D'aucuns, dit-il, ont prétendu que la femme est en moyenne plus sensuelle que l'homme ; d'autres, au contraire, qu'elle l'est moins. Ces deux affirmations sont fausses ; elle l'est en réalité *d'une autre façon.* »

M. le docteur Forel se montre, à notre avis, trop affirmatif et trop succinct dans son appréciation, s'en tenant trop à l'apparence des choses.

La vérité qui nous apparaît à nous, c'est que la femme a, naturellement, exactement les mêmes appétits que l'homme ; seulement toute son éducation, toute l'existence sociale la force à comprimer, à voiler ses instincts et parvient souvent à dévier ceux-ci ou même à les atrophier.

« Au point de vue de l'appétit sexuel pur, reprend le docteur Forel, les extrêmes sont beaucoup plus fréquents et considérables chez la femme que chez l'homme. »

Ceci tient aux mœurs. Il est permis à l'homme de montrer ses désirs, de lâcher la bride à ses passions et de les contenter dans une large mesure. Au contraire, l'opinion veut la femme rigoureusement chaste ; cela sépare donc la gent féminine en deux classes bien tranchées et en effet placées aux deux extrémités : celle qui est d'une irréprochable chasteté, réelle ou feinte ; celle dont les partisantes ont déposé toute dissimulation et avouent les passions qui les travaillent. Si la vie sociale de la femme était pareille à celle de l'homme, l'on verrait parmi elles toutes les nuances existant parmi les hommes, et le contraste des « vertueuses » et des « vicieuses », qui n'est d'ailleurs qu'apparent, serait moins prononcé.

« Chez la femme, dit notre auteur, l'appétit sexuel se développe bien moins constamment d'une façon spontanée que chez lui, et, lorsqu'il le fait, c'est en général plus tard. Les sensations voluptueuses ne sont éveillées le plus souvent que par le coït. »

Cette série d'affirmations fourmille d'erreurs.

En réalité, le docteur ignore ce qui se passe chez la femme, la jeune fille, l'enfant, parce qu'elle tient profondément secrète son histoire intime. Sachant que l'on sera indulgent pour lui, l'homme la livre beaucoup plus volontiers. La femme tait scrupuleusement ce qui ne lui serait jamais pardonné et ce dont elle a d'autant plus de honte que cela lui est plus défendu par l'opinion et les mœurs.

C'est, nous l'avons dit, dans les confidences de femme à femme ; c'est aussi dans les confessions aux prêtres et les aveux arrachés par les médecins qu'il faut rechercher l'histoire du mystère sexuel féminin. Si le docteur Forel avait pénétré dans ces arcanes obstinément closes pour les profanes, il serait convaincu que, chez la plupart des femmes, l'appétit sexuel inconscient est tout aussi « spontané » que chez l'homme.

C'est, au contraire, grâce à une hygiène morale et matérielle soutenue et prévoyante que la mère peut retarder l'évolution sexuelle de la petite fille jusqu'à la période normale, c'est-à-dire la puberté.

La précocité sexuelle des petites filles dépasse souvent celle des garçons, non point par suite de disposition organique spéciale, mais parce que, en général, on lui fait une existence plus sédentaire, plus réglée, moins exubérante qu'au petit garçon, et les excitations nerveuses qui se contenteraient en exercice musculaire, en pensées diverses, viennent se masser au sexe.

Quant à la dernière affirmation, c'est une supposition d'une énorme naïveté psychologique, et le docteur lui-même en a l'intuition, car il ajoute plus loin, commettant, du reste, une seconde erreur :

« Chez un nombre considérable de femmes, l'appétit sexuel fait complètement défaut. Pour ces dernières, le coït est un acte désagréable, souvent dégoûtant, tout au moins indifférent. »

L'erreur immense, c'est de croire que l'appétit sexuel n'existe pas chez la femme que le coït laisse indifférente ou dégoûte.

Cette erreur, la plupart des hommes la commettent, parce que, sauf pour les anormaux, le coït les contente, alors que cet acte par lui seul ne saurait suffire à la femme, puisqu'il est nécessaire qu'auparavant l'irritation passionnelle soit née en elle, provenant du clitoris.

L'homme ne peut consommer le coït que s'il est parvenu à l'état passionnel ; au lieu que la femme peut le subir sans la préparation sensuelle nécessaire qui lui donne sa valeur.

Les sensations voluptueuses ne naissent point chez la femme *par le coït*, qui, reçu sans prédisposition ou préparation, ne peut être que désagréable pour elle et subi avec un dégoût et une révolte qui varient suivant les femmes et surtout suivant l'homme qui le leur impose.

Les sensations voluptueuses se développeront en elle grâce aux actes qui *accompagneront* le coït et donneront à celui-ci sa valeur.

Et le docteur Forel accentue son ignorance de la femme en poursuivant ainsi :

« Ce qu'il y a de plus singulier, de moins compréhensible pour l'âme masculine, ce qui donne lieu aux quiproquos les plus fréquents, c'est le fait que pareilles femmes, absolument froides au point de vue des sensations sexuelles, sont souvent, malgré cela, fort coquettes, qu'elles surexcitent les appétits sexuels de l'homme, et qu'elles ont fréquemment un besoin profond d'amour et de caresses. »

C'est que, docteur, vous vous méprenez en croyant que ces femmes sont froides. Simplement le coït brutal où l'homme se contente ne les satisfait point. Elles souhaitent tout ce qui provoque en elles l'état passionnel ; elles le cherchent et l'obtiennent par le moyen de la coquetterie, des caresses et aussi par l'excitation cérébrale.

Ce qu'il y a de difficile à croire, c'est l'éternelle bévue de l'homme qui trouve tout simple et rationnel que lui ne soit point capable du coït à tout moment et sans que l'ensemble de ses organes sensitifs ne l'ait mis en l'état spécial dont l'érection est le signe visible, et qui imagine que, parce que, matériellement, la femme peut toujours recevoir l'offrande amoureuse, elle soit susceptible de l'accueillir passionnellement.

Très souvent, le docteur cotoie la vérité sans néanmoins la découvrir intégralement. Et cela toujours, parce qu'il est profondément enfoncé dans cette erreur masculine, que le coït doit forcément être une jouissance pour la femme par lui-même et sans tenir compte de sa disposition à y participer.

A propos de l'homosexualité, c'est-à-dire du

désir éprouvé pour un être de même sexe, il dit ceci :

« Normalement l'homme adulte produit sur un autre homme, au point de vue purement sexuel, un effet absolument répulsif ; seuls des êtres pathologiques ou excités par les privations sexuelles sont pris de désirs sensuels vis-à-vis d'autres hommes. Mais chez la femme, un certain désir sensuel de caresses, désir qui repose plus ou moins sur des sensations sensuelles inconscientes et mal définies, ou qui en est tout au moins un dérivé, ne se limite pas nettement au sexe masculin, mais s'étend volontiers à d'autres femmes, à de petits enfants, à des animaux même, sans reposer cependant sur des appétits sexuels pathologiquement invertis. Les jeunes filles normales aiment souvent à coucher ensemble dans le même lit, à se caresser et à se baiser, ce que de jeunes hommes normaux n'aiment pas faire. Chez le sexe mâle, pareilles caresses sensuelles généralisées sont presque toujours accompagnées d'appétit sexuel et sont provoquées par ce dernier, ce qui n'est pas le cas chez la femme. »

Cette dernière affirmation est complètement erronée.

C'est parfaitement l'appétit sexuel inconscient ou raisonné qui entraîne les jeunes filles l'une vers l'autre. Et ce que les caresses, les baisers, les enlacements provoquent en elles, c'est une sensation voluptueuse qui peut affecter tous les degrés, mettre simplement dans leur être une joie naïve, absolument ignorante de ses causes profondes, ou aller jusqu'au spasme secret et la sensation ultime de l'amour.

La jeune fille véritablement chaste n'a aucun désir de ces caresses, de cette intimité avec des êtres de son sexe que le docteur suppose normales et communément pratiquées par toutes les femmes. Ce n'est guère que la jeune fille cloîtrée, aux sens exaspérés, qui n'a pas instinctivement une répugnance pour une autre femme.

L'opinion, les coutumes, permettent aux jeunes filles entre elles des démonstrations de tendresse qui sont certainement chez beaucoup un geste indifférent et machinal, mais qui, chez d'autres, servent leurs passions inconscientes ou inavouées. Quiconque verra deux jeunes filles s'embrasser, coucher ensemble, pourra très raisonnablement les soupçonner de saphisme ou tout au moins de sensualité obscure qui se contente par ces caresses.

IX

L'ILLUSION DE L'AMOUR NATUREL

Nous avons dit plus haut que, pour les femmes chez qui il existe une vive sensibilité dans le vagin, la pénétration de celui-ci par un objet quelconque rappelant l'introduction de la verge masculine, est indispensable pour leur procurer les plaisirs d'amour au complet.

En vain leurs amantes leur prodigueraient-elles les caresses, les titillements les plus savants ; après l'exaspération délicieuse du clitoris, il leur faut la sensation de possession par la pénétration d'un corps dans le vagin, voire même le heurt de l'entrée de l'utérus.

Cela, nulle supercherie ne saurait le donner, il y faut un objet solide, cylindrique et d'un diamètre suffisant pour que les muqueuses du vagin le pressent et l'emboîtent intimement.

Force est donc à la lesbienne de se munir d'un engin qui puisse donner l'illusion à sa compagne.

Depuis les temps les plus reculés il existe des commerçants fabricant et vendant en secret de ces pseudo-organes masculins, que l'on nomme des godemichets. Ils sont ordinairement de la grosseur d'un membre viril; certains affectent des formes monstrueuses ou sont pourvus d'aspérités destinées à augmenter l'irritation sensuelle dans les parties où ils pénètrent. Les uns n'ont que la verge; les autres sont pourvus d'appendices représentant les testicules et sont même agrémentés d'une barbe.

Sous Louis XVI, une grande dame de la cour possédait un godemichet extraordinairement truqué qui venait d'Italie et faisait l'admiration et l'envie de ses amies.

Par suite d'un ressort intérieur la verge factice gonflait et se redressait en s'allongeant, imitant à la perfection un membre viril entrant en érection. De plus, les testicules étaient remplis d'un liquide parfumé et composé de produits excitants qui, lorsqu'on les pressait, était vivement éjaculé par la verge.

Comme tous les instruments destinés à être portés par une femme faisant l'office d'amant, l'engin de la comtesse pouvait se fixer au ventre par des bandelettes, ou simplement être manié à la main.

Le bon gentilhomme Brantôme conte à ce propos plusieurs anecdotes fort épicées, mais que nous citerons, car ce sont des documents intéressants pour l'ouvrage que nous avons entrepris.

« Les amours féminines, dit-il, se traitent en deux façons, les unes par fricarelle et les autres à l'ayde d'instruments qu'on a voulu appeler godemichets.

« J'ay ouy conter qu'un grand prince, se doutant deux dames de sa cour qui s'en aydoient, leur fit faire le guet si bien qu'il les surprit, tellement que l'une se trouva saisie et accommodée d'un gros entre les jambes, gentiment attaché avec de petites bandelettes à l'entour du corps, qu'il semblait un membre naturel. Elle en fut si surprise qu'elle n'eut loisir de l'ôter ; tellement que ce prince la contraignit à lui montrer comment elles deux se le faisaient. »

« Deux autres dames de la cour qui s'entr'aimaient si fort et étaient si chaudes à leur métier, qu'en quelque endroit qu'elles fussent ne s'en pouvaient garder ni abstenir que pour le moins ne fissent quelques signes d'amourette ou de baiser, qui donnaient à penser beaucoup aux

hommes. Il y en avait une veuve, et l'autre mariée. Et, comme la mariée, un jour d'une grande
fête, se fut fort bien parée et habillée d'une robe
de toile d'argent, pendant que leur maîtresse
était allée à vêpres, elles entrèrent dans son cabinet, et sur sa chaise percée se mirent à faire leur
fricarelle si rudement et si impétueusement
qu'elle en rompit sous elles. Et la dame mariée
qui faisait le dessous tomba avec sa belle robe
de toile d'argent à la renverse, tout à plat, sur
l'ordure du bassin, si bien qu'elle se gâta et
souilla si fort qu'elle ne sut que faire de s'es-
suyer le mieux qu'elle put, se trousser et s'en
aller en grande hâte changer de robe dans sa
chambre. »

« J'ay ouy conter à M. de Clermont-Tallard
qu'il vit, par une petite fente, dans une chambre
voisine de la sienne, deux fort grandes dames,
toutes retroussées et leurs caleçons bas, se
coucher l'une sur l'autre, s'entrebaiser en forme
de colombes (cela s'entend langue en bouche) se
frotter, s'entrefriquer, bref se remuer fort, pail-
larder et imiter les hommes ; et dura leur ébat-
tement près d'une bonne heure, s'étant si fort
échauffées et lassées, qu'elles en demeurèrent
rouges et en eau, bien qu'il fit grand froid,
qu'elles n'en purent plus et furent contraintes de
se reposer autant. »

Ce langage sans contrainte ni détour montre que le vice saphique florissait en tous temps.

Du reste, nombre de femmes qui font l'amour avec des organes virils postiches ne se servent point d'engins perfectionnés et fabriqués exprès pour cet usage. Ceux-ci sont d'un prix assez élevé et il est, pour les femmes du monde par exemple, assez difficile de s'en procurer de façon discrète et absolument sans danger.

L'industrie de beaucoup de lesbiennes sait y parer et de primitives verges sont édifiées avec de la peau de gant rembourrée de son, des chiffons roulés ou — ceci fut inventé par une fervente cycliste — à l'aide d'une vieille chambre à air coupée, cousue à l'extrémité, la suture consolidée avec de la dissolution de caoutchouc, et que la lascive petite personne gonflait fortement.

En Chine, il est un procédé très apprécié des Chinoises, c'est d'introduire dans le vagin une boule de métal creux dans laquelle se trouve une petite bille. L'agitation de la boule détermine une danse de la petite bille et un ébranlement des parois de métal qui, paraît-il, cause les plus voluptueux émois aux Filles du Ciel.

D'Espagne nous vient un procédé ingénieux pour que les deux lesbiennes jouissent simultanément du simulacre de possession.

La verge artificielle se compose simplement d'un long boyau en caoutchouc ou en peau — dans le peuple, on se sert d'un intestin de porc, gonflé de son ou de sciure de bois —. L'une des lesbiennes introduit l'une des extrémités dans son vagin et pousse l'autre dans celui de son amie. De cette façon chacun des soubresauts de l'une ou de l'autre provoque chez toutes deux les mêmes sensations.

De nos jours, il est des femmes qui, comme certaine princesse du sang au quinzième siècle, ne se contentent point d'une sensation à la fois et veulent simultanément ressentir les joies voluptueuses du clitoris frotté ou baisé, du vagin et de l'anus pénétrés.

Une amie complaisante peut suffire pour provoquer tous ces plaisirs, ainsi que nous le content les mémoires secrets qui nous parlent de la princesse à laquelle nous venons de faire allusion (Bibliothèque nationale, manuscrits).

Le langage du vieux temps n'étant pas intelligible pour tout le monde, nous traduisons le passage en français moderne.

« Quand cette envie prenait la princesse, elle s'étendait sur son lit, les reins soulevés par un coussin épais. Alors Isabelle se couchait auprès d'elle et commençait à lui baiser les lèvres, à lui caresser la bouche de sa langue qu'elle avait longue et fort agile ainsi qu'il sied aux filles qui font ce métier. Ensuite elle descendait aux mamelles de la dame, les pressait, les étirait fort entre ses doigts. Et de ses lèvres les suçait comme si elle eût voulu téter ; et la princesse entrait dès lors en jouissance et jetait des râles sourds, les paupières closes et des frémissements la secouant de la tête aux talons et parfois elle criait d'une voix impérieuse : « plus bas, plus bas ! » mais l'adroite Isabelle n'avait garde de lui obéir, car elle savait que malgré ordres et supplications, la princesse aimait qu'on lui fît attendre le suprême plaisir et qu'elle le goûtait d'autant plus âpre qu'elle s'était plus irritée et tourmentée de ne l'avoir point. Donc, les mamelles bien servies, la gentille femelle descendait au ventre et commençait par une douce fricarelle. Si elle voyait la matrice de son amante se gonfler et comme vouloir s'élancer au dehors par la fente, alors qu'un ruisseau abondant s'échappait entre les lèvres cramoisies du c... alors s'emparait-elle prestement d'un g....... qu'elle faisait pénétrer dans l'anus ; puis, avec un autre elle titillait le vagin et l'introduisait et le ressortait et branlait tant et plus, cependant que, de ses lèvres, elle suçait le clitoris de sa maîtresse pamée et prête à rendre l'âme sous le flux du plaisir. »

Lorsque les créatures, qu'elles soient mâles ou femelles, en arrivent à cette recherche morbide, maniaque, du plaisir, tout leur être devient l'esclave de cette sorte de possession occulte de leurs sens. Tout est subordonné à cette jouissance qui est l'essence même de leur vie et devient son but unique. Choses extérieures, personnes, amitiés, affections, devoirs, autres satisfactions, tout sombre, disparaît, s'évanouit : la vibration passionnelle occupe tout leur horizon borné.

Inutile d'ajouter que le système nerveux déjà altéré par le fait de ce désir exagéré de sensations se détraque de plus en plus et que successivement tous les organes du sujet sont attaqués et ravagés.

Nous avons eu l'occasion de contempler nombre « d'amoureuses » à bout de forces, dans les cliniques ou les hôpitaux, et le spectacle était effrayant de ces machines humaines usées par tous les bouts et pour lesquelles toute science devenait impuissante.

X

LA PSYCHOLOGIE DE L'AMOUR LESBIEN L'ANESTHÉSIE SEXUELLE DE LA FEMME L'HYPERESTHÉSIE SEXUELLE DE LA FEMME OU NYMPHOMANIE

Pour l'observateur de l'humanité, le curieux des mystères de la pensée d'autrui, il est particulièrement passionnant d'étudier la cérébralité des diverses lesbiennes, de déterminer leurs mobiles psychologiques, ce qu'elles cherchent dans l'amour saphique et comment elles jouissent dans les relations uni-sexuelles.

L'imagination, on le sait, joue un immense rôle dans l'amour, de quelque sorte qu'il soit. Sans imagination, les sensations seraient mortes ou se réduiraient, tout au moins, à peu de chose.

Et l'envol de la pensée est absolument différent chez chaque individu qui engendre et conçoit le plaisir suivant ses dispositions cérébrales.

Dans l'amour saphique, avant d'étudier les cas individuels, il nous faut envisager l'ensemble des femmes et les diviser en plusieurs classes aux tendances analogues.

Nous trouverons chez celles à qui l'on applique le terme général de lesbiennes, les *femmes-femmes*, les *femmes-hommes* ou *inverties*, les *hermaphrodites*, les *détraquées*.

De ces quatre types découlent tous les dérivés que nous examinerons l'un après l'autre avec les détails et les exemples qu'ils comportent.

L'ANESTHÉSIE SEXUELLE DE LA FEMME. — L'anesthésie sexuelle est la paralysie, la réduction à zéro des sensations voluptueuses.

La plupart des hommes et des savants—nous avons cité plus haut l'opinion sur ce sujet du distingué docteur Forel — vous diront gravement que la femme, même de santé normale, en est souvent atteinte, et ils vous citent de nombreux cas où une femme mariée et mère a pu pratiquer le coït pendant de longues années en restant absolument froide et sans jamais éprouver aucun frisson voluptueux.

Nous ne nions pas le fait, mais nous sommes persuadés que cette anesthésie n'est qu'accidentelle et, pour ainsi dire, factice.

La femme qui, dans le coït vulgaire, c'est-à-dire l'acte copulateur brut, non accompagné de caresses et d'attouchements, reste froide, pourrait connaître l'orgasme vénérien si on éveillait ses sens par les moyens susceptibles de les toucher.

La preuve de ce fait a été faite cent fois. Telle femme qui est de marbre dans les bras d'un époux, vibre délicieusement dans ceux d'un amant.

Telle autre qui a l'accouplement en horreur, qui n'y ressent aucune sensation voluptueuse, est une lesbienne ardente.

En réalité, l'anesthésie sensuelle absolue de la femme n'existe que lorsque celle-ci est malade, gravement atteinte organiquement.

Et ce serait une erreur de croire qu'un malaise des organes sexuels provoque l'anesthésie de ceux-ci. Les femmes atteintes de métrite, de chlorose, même de maladies vénériennes, sont, au contraire, d'une remarquable excitabilité sexuelle.

Ce qui, chez la femme aussi bien que chez l'homme, détruit la faculté de volupté, c'est l'anémie extrême et les affections nerveuses de la moelle et de certaines parties du cerveau — pas de toutes, car divers aliénés conservent les facultés passionnelles.

L'appétit sexuel n'est pas lié absolument chez la femme aux organes directs de la reproduction, car les fillettes non réglées, les femmes ayant eu leur « retour d'âge » et celles qu'un accident, une maladie ou une opération a privées de leurs ovaires, sont sujettes à des désirs violents et connaissent l'orgasme vénérien tout comme les femmes normales.

Étant donné que la faculté de jouissance chez la femme est répartie cérébralement et, le plus souvent, pour ce qui regarde le côté matériel au siège du clitoris, de préférence au vagin, si l'homme, qui a mission de lui faire connaître la volupté, n'éveille rien dans son âme et son esprit, et qu'il lui refuse l'excitation nerveuse, à l'endroit où elle peut se produire, la femme restera froide sous son étreinte sans, pour cela, être anesthésiée sexuellement.

Pour retrouver son sexe, il lui suffira de nouer des relations avec un être féminin ou masculin qui sache provoquer en elle les sensations qui y dorment.

L'HYPERESTHÉSIE SEXUELLE. — On entend par hyperesthésie l'exagération de l'appétit sexuel chez l'individu mâle ou femelle.

Chez la femme, ce dérèglement de l'instinct se nomme nymphomanie.

Ce terme peut aussi bien s'appliquer à la

femme qui désire follement l'homme qu'à celle qui recherche uniquement son propre sexe.

La masturbation chez la femme de chétive constitution et de faible cerveau peut la conduire à la nymphomanie, et alors, c'est chez elle la préoccupation excessive, continuelle, du sexe, le désir perpétuel de la jouissance. Même, durant le sommeil, la nymphomane est poursuivie de rêves érotiques et, souvent, lorsque ses sens surmenés se refusent à l'orgasme qu'elle sollicite sans cesse, son exaspération peut la mener jusqu'au crime, au suicide ou à la folie furieuse.

Dans son si curieux et beau livre, *la Question sexuelle exposée aux adultes cultivés*, le docteur Forel traite de façon très complète la nymphomanie chez l'aliénée. Voici quelques extraits de ce chapitre :

« Lorsqu'on s'est familiarisé avec la population d'un asile d'aliénés, on constate avant tout, au point de vue sexuel, un phénomène général singulier et très frappant. Une grande partie des aliénées-femmes font constamment preuve d'une excitation sexuelle intense.

« Cette excitation se traduit chez les unes par une masturbation incessante, chez d'autres par des propos obscènes, chez un grand nombre par un amour imaginaire, tantôt sensuel, tantôt purement platonique, assez fréquemment par des provocations directes au coït adressées au personnel médical, mais surtout par des scènes de jalousie violente, et très souvent par des soupçons réciproques relatifs à leur vie sexuelle.

« En un mot, l'asile des aliénés déroule devant nous, sous forme de caricatures repoussantes, toutes les nuances et variations d'une vie sexuelle féminine plus ou moins dégénérée : coquetterie, besoin de se parer de toute sorte de fanfreluches, colères jalouses, excitation érotique, etc.

« L'excitation sexuelle des aliénées les pousse souvent à se souiller d'urine et d'excréments et surtout à accabler d'insultes ordurières les personnes auxquelles leur imagination malade attribue des attentats sexuels ou des actes impudiques soit envers elles soit envers d'autres.

« Elles ont tendance à se croire fiancées ou femmes de rois, d'empereurs, de Jésus-Christ ou de Dieu. Les grossesses et les accouchements jouent un grand rôle dans leur délire. Certaines malades s'imaginent être enceintes et prétendent qu'on les a fécondées en secret. Ensuite, elles croient qu'on les a endormies, en secret aussi, lors de leur accouchement, et qu'on a profité de leur sommeil pour leur enlever leur enfant.

« Au milieu d'un torrent d'injures, une de mes anciennes malades m'accusait de venir la nuit dans son lit la mettre à mal. De cette façon, je lui faisais, disait-elle, un enfant tous les huit jours, ce qui me valut de sa part le surnom de *Schnellschwangerer* (engrosseur rapide). Elle ajoutait que j'avais caché les centaines d'enfants que j'avais ainsi procréés avec elle et secrètement enlevés, dans les murs de l'asile, où je les martyrisais perpétuellement. Grâce à ses hallucinations elle entendait jour et nuit leurs gémissements.

« Une autre malade, atteinte de manie aiguë curable, était si érotique pendant ses accès, qu'elle provoquait au coït tous les médecins qui faisaient leur visite dans la division. Sa tête était remplie d'images érotiques si vives et si profondes qu'après sa guérison, elle fut dans des transes d'être enceinte, quoiqu'elle eût passé tout le temps de son accès dans une division d'aliénées gardées par des surveillantes, et que la réflexion lui fît bien comprendre que la chose était impossible.

« Les femmes qui, à l'état normal, sont les plus pudiques ou les plus froides au point de vue sexuel peuvent dans l'aliénation devenir la proie de l'érotisme le plus sauvage et même se conduire périodiquement comme des prostituées. Ce fait s'observe surtout dans l'hypomanie périodique. C'est un fait bien connu que dans les divisions de femmes agitées les médecins sont toujours entourés de personnes érotiques qui les pincent, s'accrochent à leurs vêtements, et selon qu'elles sont amoureuses ou jalouses, cherchent à les embrasser ou à les égratigner, de sorte qu'ils ont souvent peine à se soustraire à tous ces témoignages violents et dégoûtants d'amour ou de jalousie furieuse.

« Au contraire, lorsqu'on traverse les divisions masculines d'un asile d'aliénés, même en compagnie de femmes, on est étonné de l'indifférence stupide et de la profonde apathie sexuelle de presque tous les aliénés-hommes. Quelques-uns se satisfont par la masturbation, d'autres par des essais de pédérastie, le tout avec une tranquillité philosophique due à leur démence. De jeunes femmes peuvent même se promener dans tout le quartier des hommes sans avoir à redouter d'attentats, ni d'assiduités, ni de propos indécents. Seuls quelques rares malades, parmi les plus agités, font quelquefois exception.

« Une jeune étudiante en médecine, Mlle G..., assistante-médecin à l'asile de Zurich, faisait seule la visite dans toute la division des hommes, même chez les plus agités, sans être jamais incommodée par eux, tandis que, dans la division des femmes elle était presque autant assaillie par les malades érotiques que les assistants du sexe mâle. »

XI

LA FEMME ÉTERNELLEMENT FEMME

Il y a des femmes qui, dans l'amour lesbien, sont exactement semblables à ce qu'elles seraient dans l'amour naturel.

Elles sont, vis-à-vis d'un homme ou d'une femme, elles-mêmes éternellement femmes. C'est-à-dire qu'elles gardent, durant l'étreinte, non seulement une attitude passive, mais qu'elles reçoivent les caresses; laissent à leur partenaire l'initiative des attitudes, des jeux divers, subissent avec plaisir la possession vaginale ou autre, et surtout, au point de vue psychologique, qu'elles conservent l'instinctif rôle féminin et ne jouissent qu'en celui-là.

Pour bien comprendre ce que nous venons de dire, ainsi que ce qui suivra, il est nécessaire de définir nettement l'amour naturel.

En somme, si l'on observe de près la nature, l'on se convaincra que l'amour naturel, c'est-à-dire la rencontre sexuelle d'un mâle et d'une femelle, peut se déterminer comme ceci, lorsqu'il s'agit d'êtres absolument normaux :

Un violent désir chez le mâle de vaincre, de soumettre la femelle, par la force, accompagné du souhait, accompli ou non, de blesser, de faire mal, de violenter.

Cet instinct naît chez lui avec l'érection de la verge et ne s'éteint que le coït ayant eu lieu.

Le mâle se satisfait matériellement en introduisant sa verge dans le vagin de la femelle, en faisant pénétrer son sperme dans la matrice ; il se satisfait intellectuellement en dominant, en maîtrisant sa victime, par le fait de sentir la femelle sous lui, livrée à ses désirs, terrifiée, résistante, puis domptée, soumise et, enfin, partageant ses transports.

C'est là, nous le répétons, le plaisir normal du mâle ; mais la civilisation a apporté chez chaque individu des modifications à ce sentiment tout primitif.

Chez la femelle normale, le désir d'être possédée par le mâle, c'est-à-dire l'aspiration de sentir la pénétration de la verge dans l'acte du coït, est accompagné intellectuellement d'un sentiment d'effroi, de vague terreur. Et la volupté, chez elle, naît précisément de la souffrance plus ou moins accentuée de l'étreinte, ainsi que de la sensation d'être vaincue, forcée, meurtrie et violentée par un mâle fort, brutal et victorieux.

C'est là aussi le sentiment normal de la femelle et qui disparaît chez beaucoup de femmes actuelles.

Cependant, chez les hommes et les femmes absolument normaux, ces impulsions primitives demeurent intactes, malgré le vernis que la civilisation a apporté ; ce sont elles qui dominent dans leurs rapports sexuels.

L'homme se plaît à posséder, la femme goûte d'ineffables délices à se laisser violenter.

Or, il peut arriver que la femme très femme, pour une cause ou une autre, malgré ses tendances qui sembleraient devoir la limiter aux relations naturelles, arrive à l'amour lesbien.

En face de sa partenaire femme, elle sera semblable à ce qu'elle serait vis-à-vis d'un homme. Il faudra qu'elle tienne l'unique emploi dont elle est capable ; elle se laissera séduire, prendre ; elle sera la victime joyeuse, tandis que l'autre devra toujours assumer le personnage masculin, la violenter, la vaincre dans une brutalité et une douleur plus ou moins factices.

Cette faculté de rester éternellement femme

normale, même dans les étreintes anormales, tient à un fait matériel et à une disposition intellectuelle.

Les femmes qui jouissent plus par la matrice que par le clitoris, sont particulièrement désignées pour jouer le rôle de la femme-femme. Car, c'est précisément l'excitation du clitoris, en réalité une fausse verge, qui permet aux clitoridiennes de varier leurs sensations.

Le caractère de la personne influe également. Une femme coquette, indolente, égoïste, paresseuse, ne conçoit que le rôle passif. Au fond, ce n'est pas une sensuelle, bien qu'elle puisse avoir de vifs élans au moment de la possession.

En général, extérieurement, elle est jolie, ou croit l'être ; elle est, tout au moins gracieuse et très préoccupée de ses charmes extérieurs, de sa toilette. Elle estime plus sa figure, sa silhouette à la mode que son corps proprement dit. Son excitation sensuelle naît surtout de causes extérieures : propos grivois, spectacles lestes, caresses audacieuses, compliments. La sensualité violente, un peu farouche, l'effraie, ainsi que l'obscénité.

Ce qui lui plaît, c'est le vice superficiel.

Il est rare que ce genre de femme n'allie pas l'amour ordinaire à l'amour lesbien. Ou, si elle se refuse à l'homme, ce n'est point par répulsion, mais à cause de considérations secondaires : craintes pour sa réputation, terreur de grossesse, etc.

Avec ses amantes, elle est coquette, elle reçoit et provoque les hommages sans en rendre. Elle accepte, plus ou moins volontiers, les cadeaux, l'argent de sa partenaire, suivant sa position sociale. Elle est persuadée qu'elle fait une grâce en s'accordant.

Du reste, si elle sort de son rôle passif, ce n'est que par complaisance, souvent avec répugnance, et pour répondre aux exigences de sa compagne, lorsque celle-ci n'a pas le tempérament assez franchement masculin pour se contenter des plaisirs pseudo-mâles.

Ce qui la séduit chez l'autre, c'est la volonté, la hardiesse, le chic, le talent, une supériorité quelconque.

Il lui faut admirer celle qui la conquiert et, parfois, un peu la craindre.

Lors des caresses, elle se fait toujours désirer et quelquefois violenter.

Dans les étreintes, elle garde naturellement et préfère la position, les gestes de la femme ordinaire, faisant l'amour avec un homme, sans raffinements spéciaux.

Souvent, il faut à cette sorte de lesbienne l illusion extérieure masculine chez sa compagne. Cela l'excitera que celle-ci s'habille en homme, porte des cheveux courts, fume, ait des gestes brusques, un parler décidé.

Dans ses tendres appellations, elle lui attribuera un nom, des qualificatifs masculins.

Avec son amante, elle sera coquette, capricieuse, elle jouera exactement le même rôle qu'elle aurait vis-à-vis d'un amant.

Et dans l'étreinte, même si elle se contente de « fricarelles » manuelles et linguales, sans exiger l'usage et l'introduction d'organes virils postiches, elle jouira d'autant plus qu'elle sentira sa partenaire moins semblable à elle-même, plus autoritaire, plus puissante.

La femme-femme garde toujours, plus ou moins, une préoccupation d'esthétique, de grâce. Elle minaude avec le vice.

Elle est d'habitude très « rosse ».

Elle préfère, nous l'avons déjà dit, les raffinements, les gentillesses aux obscénités brutales. C'est la fervente de la gaudriole, de préférence aux sensualités profondes.

Pourtant, ce genre de femme peut être amené à un complet affolement sensuel par la femme très masculine, ayant les désirs mâles et employant des organes factices.

L'amante obtiendra chez sa maîtresse des

transports dont un homme ne serait jamais témoin, parce que, vis-à-vis d'une femme, l'autre s'abandonnera plus à ses instincts.

Pour éclairer d'un jour net, et croyons-nous, nouveau, cette question physiologico-pathologique qui, jusqu'à présent, n'a été traitée par aucun auteur dans le vif du sujet, nous allons donner une série d'observations, prises d'après nature, et la crudité nécessaire nous sera pardonnée, car elle est absolument obligatoire.

« Suzette » avait environ trente ans lorsqu'une amie, très masculine, très vicieuse, la persuada d'essayer, en sa compagnie, de l'amour saphique dont, auparavant, elle n'avait point goûté.

Suzette avait des rapports agréables avec son mari et se plaignait, surtout, que celui-ci la délaissât, fatigué d'elle et cherchant autre part des plaisirs plus vifs et variés.

Au fond, elle avait le net désir d'un amant, mais elle gardait un grand souci de sa réputation et se savait très gardée, très surveillée, vivant dans un milieu assez austère. La crainte de se perdre était sa seule sauvegarde de la faute.

Mme B... lui fit la cour, la complimenta, l'entoura, la combla de menus cadeaux et l'enchanta par son élégance, sa supériorité mondaine, son talent très réel de cantatrice, son chic de maîtresse de maison.

Près de cette belle personne, Suzette se sentait toute petite, toute chétive, presque gauche, mais sans en être humiliée, car l'autre mettait tout en hommage à ses pieds.

Après avoir tenté quelques caresses qui, reçues avec quelque émoi, mais sans indignation, lui apprirent que Suzette se livrait virtuellement, Mme B... lui déclara carrément son désir de liaison anormale, lui parla, à mots couverts, des plaisirs qu'elle lui réservait, et n'eut pas de peine à la déterminer à venir essayer de l'amour lesbien dans sa garçonnière.

Ce local n'avait rien de féeriquement luxueux, pourtant il était suffisamment élégant pour enchanter Suzette.

Et rien que l'idée de se trouver en pays défendu, dans un aimoir doublement vicieux, l'émoustillait agréablement.

Cependant, les premières fois, la jeune femme ne goûta point des plaisirs très grands. Elle était surtout prise cérébralement ; elle s'amusait de ces relations plus qu'elle n'en jouissait réellement.

Avec l'habitude, blasée sur le milieu, sur l'acte, elle en vint pourtant à la satisfaction sensuelle que lui apportaient ses étreintes.

Mme B... était le type accompli de la femme que nous étudierons plus loin sous le titre de la femme-mâle ou invertie.

Clitoridienne résolue, ayant le vagin et la matrice absolument morts quant aux sensations voluptueuses, elle entrait en amour, moins par l'attouchement de ses parties sexuelles que par la vue d'un autre être en état passionnel et soumis à son étreinte.

Son procédé était toujours le même.

Elle commençait par manipuler les seins de sa maîtresse, sans déshabiller celle-ci, en farfouillant, avec délices, dans les replis du corsage, de la chemise, s'attaquant, avec une ardeur excitée, aux obstacles du corset. Ensuite, jouissant déjà du désordre de sa victime, d'un geste audacieux, se complaisant aux révoltes, aux protestations de l'autre, elle se livrait à des attaques plus intimes et plus précises.

Cependant, elle ne s'y attardait pas et, renversant la tête de sa compagne sur quelque coussin qui ne lui permît pas de se dérober, elle la baisait sur la bouche, éperdûment, et si longuement que l'autre finissait, éperdue, inquiète, incompréhensive de tant d'ardeur, par sentir une véritable terreur l'envahir.

Et, plus l'autre essayait de se soustraire à sa caresse, à la succion de ses lèvres, à la possession impérieuse de sa langue pénétrant dans la bouche, plus Mme B... goûtait d'inouïes délices. Ses mains maintenant celles de sa maîtresse, sa poitrine l'écrasant, elle la condamnait à l'interminable communion d'un baiser dont l'autre sortait froissée, les lèvres sanglantes, meurtries, toute tremblante d'un effroi irraisonné, se sentant prise, livrée à un être étrange, anormal, dont on ne pourrait prévoir les violences ni les bizarreries.

Suzette, comme tant d'autres, à cet instant, avait une folle envie de fuir, un désarroi absolu, presque une répulsion pour cette singulière amante.

Mais, redevenue tendre, complimenteuse, gaie, polissonne en propos, Mme B... la rassurait et, cessant toutes ses tentatives, la faisait se déshabiller, revêtir une sorte de peignoir transparent, la coiffait, l'arrangeait ainsi qu'une délicieuse poupée, sans que les nudités, peu à peu apparues, lui suggérassent autre chose que des caresses légères, presque chastes.

L'on goûtait avec du champagne, Mme B... sachant qu'une légère griserie est nécessaire aux natures qui ne sont pas vraiment sensuelles naturellement.

Ensuite, Mme B... menait Suzette au lit et elle-même soudain, écartant son peignoir, montrait à sa compagne les organes masculins qu'elle portait assez habilement attachés, et les attaches dissimulées par un caleçon, pour faire illusion.

Alors elle forçait l'autre, pour augmenter son émoi, à toucher cette verge ; elle l'en caressait partout. Enfin, se laissant aller à ses impulsions, elle renversait son amie, la couvrait de baisers, de morsures et la possédait dix fois, vingt fois, sans pitié, sans ménagement, avec une violence qui, d'abord, effrayait Suzette, puis lui communiquait un indicible délire.

Peu à peu, Suzette avait pris un tel goût à ces séances qu'elle négligeait tout pour les provoquer et les faire durer. Des journées entières se passaient pour les deux femmes en jeux vicieux. Suzette appelait Mme B... du prénom de son mari, lui adressant les discours les plus fous, les plus libertins, se complaisant en des attouchements de la fausse virilité de son amie et des caresses sexuelles les plus hardies.

Jamais, pendant leurs relations, Suzette ne vit le sexe réel de Mme B...; jamais elle ne caressa même le clitoris de celle-ci. Et, toutes les jouissances aiguës de la dame initiatrice venaient de l'acte de réduire, de posséder sa compagne au moyen de ses organes postiches dont le va-et-vient dans l'intimité de Suzette lui mettait du feu dans le sang.

Suzette en était arrivée à l'illusion complète, c'était le sexe masculin qu'elle adorait en son amie, et ses extases et ses audaces étaient d'autant plus sincères, elle s'y abandonnait d'autant plus qu'auprès de Mme B... elle n'avait à redouter aucun des périls qui empoisonnent pour la femme les meilleures voluptés.

Même lorsque l'amante ne se sert pas de verge pour contenter les désirs de sa maîtresse, celle-ci peut garder le rôle de femme et subir les caresses plus qu'elle n'en donne.

« Denise » et « Laurence » s'aimaient et fréquemment se caressaient. Chacune d'elles, dans leurs étreintes, avait la main au sexe de sa compagne et, par ses gestes, provoquait le bienheureux spasme.

Cependant Laurence demeurait l'homme. C'était elle qui cherchait la bouche de Denise, elle qui sollicitait la caresse, commençait par énerver sa compagne. Et Denise accomplissait plutôt distraitement le geste d'amour, toute à la sensation qu'elle recevait et ne goûtant nulle joie à celle qu'elle causait.

Car c'est là le caractère distinctif de la femme-femme. Elle est indifférente sexuellement au plaisir qu'elle procure. La femme normale jouit passivement, soit par le clitoris ou par le vagin.

Si ses amantes l'amènent à des caresses, elle le fera par obéissance, souvent sans répugnance ; mais celles-ci la laissent froide ; elle ne s'excite pas à procurer du plaisir.

Il y a une nuance pourtant, à laquelle beaucoup se tromperont.

Prenons Suzette pour exemple.

Lorsque tout à fait familiarisée avec l'amour de Mme B..., elle en vint à contempler, à manier et à caresser la verge fausse de son amante, son plaisir était sincère.

Mais ce plaisir demeurait purement égoïste.

La vue, le toucher d'un organe sexuel qui lui faisait une complète illusion, la troublait, lui faisait éprouver une sorte de jouissance anticipée sur l'instant où son sexe serait pénétré par cet organe mâle. L'idée de la jouissance que ses attouchements, ses regards, ses caresses pouvaient faire éprouver au porteur de cette verge n'entrait point dans son esprit.

Quand elle sentait Mme B... frémissante, pantelante, sur elle, lorsque ses baisers et ses manipulations l'écrasaient, la brisaient, l'émotion de l'autre ne l'excitait point : elle était toute à sa sensation personnelle faite d'effroi et de désir passionné d'éprouver une terreur encore plus intense, de souffrir et d'être obligée de souffrir davantage.

Elle était absolument incapable de vibrer passionnellement autrement.

Une autre femme, également très femme, avait dans ses relations avec des hommes, une peur

6

terrible des grossesses. Cependant, l'idée de la conception ne pouvait, pour elle, se séparer de l'acte sexuel. Et, ayant noué des relations saphiques avec une amie, non seulement elle exigeait l'emploi d'un instrument d'imposantes proportions, mais elle ne jouissait que si l'autre la possédait complètement, simulait fidèlement les gestes de l'homme au moment de l'émission du sperme ; tandis qu'elle-même suppliait qu'on l'épargnât, criait : « Retire-toi, ne me fais pas d'enfant ! » et autres injonctions désolées.

Après ce coït, elle ne manquait jamais de simuler une injection préservatrice.

Devant ces faits, ces détails, on est conduit à se demander quelle est la part du vice pur et de la monomanie dans le cerveau de celle qui se livre à ces sortes de comédies où le burlesque se mêle à l'obscène.

Évidemment, la femme qui peut imaginer sans honte, sans dégoût, sans se prendre elle-même en mépris, des scènes de lubricité aussi révoltantes que grotesques, ne possède pas une intelligence parfaitement équilibrée. C'est une détraquée, une demi-malade, capable de se créer des espèces d'hallucinations dans lesquelles elle vit une existence de rêve dont, ensuite, elle a conscience comme, au réveil, l'on se souvient de ce qui vous hanta durant le sommeil.

Si l'on examine la femme-femme qui use de l'amour lesbien, l'on constatera que c'est une dévoyée, une inconsciente plutôt qu'une anormale résolue.

Dans les relations saphiques, elle tâche d'oublier ou elle oublie réellement le sexe de son partenaire ; elle cherche et trouve les mêmes joies qu'elle goûterait avec un homme. Son sexe demeure intact.

Si elle aime lesbiennement, c'est la plupart du temps parce que son mari la déçoit, qu'elle redoute de prendre un amant ou que ses amants n'ont pas plus répondu à son attente que son mari.

C'est fort souvent aussi faute de mieux, parce qu'elle a peur de devenir enceinte et que les précautions nécessaires pour éviter les grossesses lui déplaisent et la fatiguent.

Beaucoup de femmes-femmes sont des lesbiennes sentimentales. Nous approfondirons leurs sentiments et leurs sensations dans un chapitre spécial et ne voulons pas anticiper ici sur ce sujet.

La femme-femme est indispensable pour la volupté de la femme-mâle ; mais elle déçoit celle qui a le tempérament hermaphrodite et souhaite de partager ses sensations multiples avec sa compagne.

Lorsque la femme-femme n'est pas franchement sentimentale, c'est un être particulièrement égoïste et rosse ; néanmoins, c'est un bon instrument de plaisir pour la femme uniquement sensuelle et qui lui demande juste ce qu'elle peut donner.

En résumé, c'est la créature la moins sympathique qui puisse être, et celle pour laquelle l'on se sent la moindre indulgence. Ce n'est point une invertie, c'est-à-dire une créature dont le tempérament tout-puissant la jette hors des voies naturelles malgré elle ; elle n'est point assez dépourvue de bon sens et de jugement pour que l'on éprouve la pitié qu'inspire l'aliénée, et les mobiles qui la poussent sont aussi mesquins que répugnants.

Nous avons dit tout à l'heure que c'était une demi-malade ; mais ceci n'est pas une circonstance atténuante, car, si elle voulait réagir, elle le pourrait et secouerait ce qu'elle accepte ou recherche par égoïsme, veulerie, vanité, et — disons le mot — saleté.

XII

L'HOMOSEXUALITÉ FÉMININE
LA FEMME MALE OU INVERTIE

La pudeur qu'il est nécessaire de conserver dans les relations sociales et que parfois, même l'on exagère, en se refusant à apercevoir autour de soi les vérités naturelles et les phénomènes physiologiques, fait que la plupart des individus même éclairés ne se doutent pas du nombre des invertis des deux sexes qu'ils coudoient quotidiennement.

L'esprit est habitué à attribuer à l'homme et à la femme telles qualités, telles facultés, telles tendances physiques, et l'on n'imagine point qu'il existe des êtres qui n'ont de leur sexe que l'apparence et dont l'âme aussi bien que les sens s'élancent insurmontablement vers l'idéal qui normalement devrait être celui du sexe opposé au leur.

6.

Dans le domaine scientifique, au contraire, ces cas d'inversion chez les deux sexes, qui donnent lieu à l'homosexualité féminine ou masculine sont bien connus et donnent lieu à de longues et minutieuses observations. Nous citerons entre autres sur ce sujet les magistrales études de MM. Moll, von Krafft-Ebing, Hirschfeld, Forel, etc.

A leur suite, nous essaierons de caractériser pour la femme cette particularité physiologique qui est beaucoup plus fréquente qu'on ne pourrait l'imaginer et qui existe chez des femmes qui d'ailleurs n'ont jamais cédé à leurs instincts et se sont écartées des liaisons anormales.

On entend par homosexualité la tendance naturelle d'un être à éprouver de l'appétit sexuel pour un individu de son sexe, de préférence à un autre de sexe différent.

Lorsque ce penchant est vraiment instinctif et possède quelque force, excluant les sentiments passionnels naturels, celui qui l'éprouve doit être classé parmi les invertis.

L'homme inverti souhaite être traité par un autre homme comme s'il était une femme ; l'invertie se sent envahie du violent désir de posséder à la manière mâle la femme qui excite ses sens. Tous deux possèdent des tendances diamétralement opposées à leur sexe.

Ceci, au dire des savants, rentre habituellement dans le domaine de la pathologie.

Cependant, ceux-ci sont d'accord pour reconnaître que cette qualité anti-naturelle peut exister chez des gens de santé en apparence fort normale, jouissant d'une intellectualité élevée, et qui n'ont rien d'extraordinaire dans leurs autres rapports avec la société.

L'inverti mâle ou femelle, en dehors de l'appétit sexuel, possède à l'égard du sexe opposé au sien, dans les relations de la vie courante, la mentalité des individus de son sexe. Ce n'est absolument qu'à propos de l'amour, lorsqu'il arrive à la minute de l'acte passionnel que son caractère se dessine, s'impose.

L'invertie peut ne pas pratiquer la masturbation ou du moins celle-ci peut n'être pas indispensable pour provoquer l'orgasme vénérien qu'elle éprouve d'ordinaire avec autant de force et de brièveté que l'homme.

Il semble que, chez elle, les organes internes soient disposés plutôt comme ceux du mâle. Il n'est pas rare que l'homosexuelle féminine soit peu réglée ou pas du tout et que ses ovaires atrophiés ne produisent aucun ovule.

Au contraire, ses muqueuses sont extrêmement prodigues de ce suc liquoreux que sécrètent les parois du vagin, destiné par la nature à faciliter l'entrée de la verge dans la matrice, et dont la composition a de l'analogie avec le liquide prostatique sécrété par les glandes de l'homme qui est l'un des éléments du sperme.

Chez certaines inverties le clitoris lui-même sécrète de ce suc et se lubrifie au moindre attouchement et souvent seulement à la pensée d'un contact avec la femme désirée.

La particularité frappante des invertis, c'est leur persuasion que leur goût est normal. Chez eux, il y a, pour ainsi dire, absence de vice, parce que leurs penchants sont réels et spontanés.

En général l'invertie naît avec des goûts masculins. Tout enfant, elle n'aime que les jeux bruyants, sa voix est forte, ses gestes brusques, elle dédaigne les filles et admire avec véhémence les hommes, particulièrement les hommes mûrs. Cette admiration peut prendre tous les caractères d'une passionnette et l'on se trompe souvent en attribuant à une invertie née des sentiments féminins précoces qu'elle est destinée, au contraire, à ne jamais connaître.

Tout le regret de cette fillette est de ne pouvoir mesurer sa force avec les garçons ; et si on le lui permet, elle devient bientôt d'une adresse et d'une vigueur remarquable dans les sports.

D'autres fois le caractère homosexuel ne se

développe chez la jeune fille qu'une fois la puberté accomplie.

Dans ce cas, la mentalité, le cerveau joue un grand rôle. La jeune fille aspire à devenir un être supérieur; elle jalouse les hommes et s'attache à leur découvrir des ridicules et des imperfections, elle les aperçoit et les juge sévèrement au moral et au physique.

Si elle est jolie elle peut se plaire dans le flirt, mais celui-ci prend avec elle une allure agressive, cruelle. Elle n'éprouve pas la moindre sympathie pour ses adorateurs et se plaît à les tourmenter.

Le docteur Forel (page 287, *la Question sexuelle*), caractérise ainsi la femme-mâle :

« L'invertie pure se sent *homme*. L'idée du coït avec des hommes lui fait horreur. Elle aime prendre des habitudes, des mœurs et des vêtements masculins. Sous un régime irrégulier, on a vu des inverties porter l'uniforme, faire pendant des années du service militaire comme soldats, et même se conduire en héros. Ce ne fut souvent qu'après leur mort qu'on découvrit leur sexe. »

« Les excès des tribades dépassent en intensité ceux des invertis hommes. Un orgasme succède à l'autre, nuit et jour, presque sans interruption. »

Cependant, ce serait une erreur de croire que

toutes les inverties possèdent un extérieur particulièrement viril ou cèdent à la fantaisie de se travestir plus ou moins en homme.

La femme aux goûts passionnels masculins n'a point forcément, pour cela, l'aspect hommasse. Au contraire, les fortes créatures moustachues, aux traits épais et durs, se révèlent, parfois, aux minutes de l'amour, des femmelettes minaudières, uniquement susceptibles des sensations féminines.

Ce qui révèle, pour tout observateur et psychologue un peu expérimenté, la femme-mâle, c'est l'expression de son œil.

Quelque gracieux, doux, que puissent être ses traits, quelque apparence féminine des contours qu'elle montre, la femme-mâle a le regard dominateur, volontaire, avisé, et, dès qu'une cause passionnelle survient, une intense volupté le charge.

La bouche est souvent un indice, mais pas toujours. Si l'œil ne trompe jamais, les lèvres peuvent égarer. En général, la femme aux lèvres mobiles, frémissantes, arquées, est une passionnée aux tendances masculines.

La nuance du teint, la couleur des cheveux ne signifient absolument rien. Il est arbitraire et absurde de cataloguer les blondes parmi les nonchalantes et les brunes parmi les ardentes. L'expérience démontre qu'il y a des brunes sans aucune espèce de tempérament, tandis que certaines blondes semblent pétries de feu.

Nous avons vu des blondes présenter dans la passion lesbienne tous les caractères masculins et se montrer cent fois plus énergiques que des noiraudes.

Il est intéressant de noter que toutes les femmes-mâles sont loin de s'adonner à l'amour saphique, beaucoup se contentent de l'homme ou même le préfèrent.

Il y a lieu de les séparer en deux groupes très différents.

La femme aux goûts mâles très prononcés, ayant une tendance à la cruauté, à un certain sadisme, préférera l'homme à la femme.

Mais, naturellement, non pas tous les hommes; ceux qui se plieront à ses caprices, à ses goûts, à ses bizarreries; ceux qu'elle aura la joie de manier, de dompter, de tourmenter. Elle jouira plus d'eux qu'ils ne la posséderont.

Certains hommes qui, au fond d'eux-mêmes, ont de la féminité passionnelle, adorent ces sortes de femmes et se soumettent à elles avec bonheur.

Lorsque la femme-mâle se contente des hommes, il n'est pas rare qu'elle en arrive au sadisme sous l'une ou l'autre de ses formes, à la flagellation ; en résumé, à tout ce qui, aux instants de l'amour, peut lui donner la suprématie sur l'homme qui devient, en quelque sorte, sa victime volontaire.

Jules G... avait pour maîtresse une femme qu'il adorait, avec qui il demeura en relation pendant six ans et que jamais il n'avait possédée, bien qu'il ne fût point impuissant et qu'avec d'autres femmes il remplît ses fonctions naturelles sans peine et même avec plaisir, quoique sans ardeur.

Durant toute sa première jeunesse, passée dans un pensionnat religieux, il avait servi volontiers de femme à ses maîtres et à ses camarades, et devenu âgé, ayant cessé de plaire à ses pareils, il conservait le goût d'être possédé.

Sa rencontre avec Germaine R... le combla donc de joie. Elle était comme lui une anormale, une invertie de naissance. Sans que la possession naturelle lui fût aucunement pénible, elle n'y goûtait que de pauvres plaisirs et ne jouissait pleinement que lorsqu'elle avait la sensation de posséder elle-même.

Elle avait eu plusieurs amants qui, par complaisance, lui avaient cédé pour certaines attitudes, certaines caresses où elle oubliait son sexe ; cependant, à aucun encore, elle n'avait osé parler de son rêve.

Se trouvant, par les circonstances, liée d'amitié avec Jules G..., ils en arrivèrent aux confidences et reconnurent, étonnés et heureux, que tous les deux souhaitaient ardemment ce que l'autre désirait.

L'on en vint à l'expérience qui combla leurs espoirs.

Munie d'un organe viril postiche, Germaine possédait son amant, le malmenait, le tarabustait, le fustigeait même, cependant que l'autre gémissait, suppliait, s'abandonnait à toutes les terreurs et les affres d'une jeune vierge qu'un satyre va violer.

Ce que l'un et l'autre adoraient, c'était non pas la volupté de deux êtres d'accord et conscients, mais le viol, l'abus supposé de la force.

Sans en arriver aux joies anormales et excessives de ces deux invertis qui finirent l'une dans une maison de santé, l'autre par un suicide imbécile, sans raison autre que l'incohérence de son cerveau, beaucoup de femmes contentent leurs appétits mâles avec leurs maris ou leurs amants en adoptant une attitude dominatrice dans les corps-à-corps amoureux, en prenant l'initiative des caresses, en exigeant la passivité de leur partenaire.

Et souvent, il leur est plus agréable de soumettre un homme qu'une femme qui, en somme, reste dans son rôle. Leur orgueil préfère la mise en sujétion du mâle qui, normalement, devrait, au contraire, les maîtriser.

Il y a une jouissance cérébrale dans les relations avec un homme pour une femme-mâle qu'elle ne saurait trouver avec une femme : c'est le fait d'allumer les désirs de son partenaire, de les exaspérer et de se refuser à les satisfaire, tout au moins de façon naturelle : cette domination, cette victoire, l'assujettissement du mâle dompté, sont une source de vives jouissances cérébrales pour la femme-mâle qui a des instincts, non seulement autoritaires, mais cruels.

Au contraire, celle qui est mâle sans cruauté ; celle qui possède une sensualité spécialement éveillée par la vue, le toucher, goûtera la beauté de la femme et souhaitera en jouir. Il se développera en elle, en somme, les sentiments du mâle normal.

La femme-mâle, qui préfère la femme, apprécie la joliesse, la gracilité, la coquetterie de sa partenaire. Elle la regarde jouer son rôle de capricieuse et s'attarde volontiers aux caresses, mais toujours en escomptant l'instant où elle tiendra la mignonne à sa merci et halètera sur son sein, en un sauvage besoin de la posséder et de la réduire.

La femme vraiment mâle en arrive à ressentir

la volupté réellement à l'aide de l'organe postiche qu'elle emploie pour illusionner sa compagne.

Il y a, pour cela, deux raisons physiologiques.

La première, c'est que la femme-mâle est une clitoridienne invétérée. Chez elle, le clitoris, non seulement est plus ou moins développé, mais aux minutes passionnelles, il entre dans une véritable érection, gonfle, rougit et devient extrêmement sensible. Or, l'organe postiche est toujours adapté de façon à se trouver en contact avec le clitoris de la femme qui le porte, d'où, pour elle, provient une cause de sensation matérielle.

Ensuite, les mouvements spéciaux que le simulacre de possession lui font faire, mettent en vibration tous les muscles qui correspondent chez l'homme à la verge et chez la femme au clitoris. La répétition du geste amène une exaspération extrême du clitoris et des sensations voluptueuses qui ont une grande analogie avec celles que les hommes ressentent au moment du coït.

Secondement, l'idée qu'elle vainct, soumet et possède sa maîtresse, enflamme cérébralement l'amante et projette un frisson voluptueux jusqu'à son sexe.

Donc, la femme-mâle arrive à la jouissance complète, au spasme le plus aigu, non seulement sans pénétration de son vagin, mais encore sans attouchements précis du clitoris, et sans caresses de la part de sa maîtresse.

Et dans cette volupté, dans ce spasme, si nous l'analysons, nous y trouverons beaucoup plutôt la caractéristique masculine que féminine.

Voici ce que nous disait, à ce sujet, Mme B... dont nous avons parlé précédemment :

« Dès que je suis en présence de mon amie, que je la vois minauder, frétiller gentiment en mon honneur, j'éprouve une satisfaction orgueilleuse, mon amour-propre est agréablement chatouillé. Puis, je la touche, je la devêts, et la vue de son épiderme nu, son contact charnel me fait passer un frisson aboutissant directement au clitoris que je sens tout à coup prendre une place tellement capitale en mon être *que je croirais volontiers qu'il grossit, s'allonge démesurément, devient une véritable verge de mâle*. Véritablement, je vous jure que, parfois, j'y porte la main, convaincue que je vais rencontrer le précieux appendice qui, je ne sais pourquoi, me fait défaut. »

Et Mme B... ajoutait cette réflexion assez subtile et judicieuse, que le physiologiste ne saurait repousser.

« En somme, j'éprouve ce qu'éprouve l'amputé d'une jambe lorsqu'il croit ressentir un fourmillement dans l orteil. L'extrémité où aboutit le nerf fait défaut, mais on possède l'autre extrémité et l'on ressent par celle-ci la sensation. Je n'ai pas la verge, mais je possède les nerfs qui y aboutissent et, par une faveur spéciale, ils ont le don de vibrer. »

Cependant, la vue et le toucher de sa maîtresse s'ils lui causaient un voluptueux émoi, étaient insuffisants pour l'amener au spasme. Comme pour l'homme, cet énervement lui était agréable, mais à condition qu'il ne se prolongeât pas trop longtemps et si, par suite d'une raison quelconque, elle ne pouvait jouir jusqu'au bout, elle frisait l'attaque de nerfs et se sentait mal à l'aise tout le jour.

« Lorsque, dans le lit, je maniais à loisir, ma maîtresse, continuait Mme B..., l'exaspération passionnelle croissait en moi. J'avais exactement l'illusion que la verge postiche que je portais au bas du ventre était un membre naturel, et, une fois, il m'est arrivé de pousser un cri de douleur atroce et spontané parce que Suzette, dans un moment d'effroi, l'avait saisi et serré à pleines mains. Tout naturellement, sans que j'y tâche, j'ai les gestes d'un homme qui s'apprête à la possession, et plus je vais, plus je m'affole de l'idée de vaincre, de dominer celle que je renverse sous moi, que je foule, que je pétris, que je meurtris avec délices. Enfin, quand je la sens au maximum de la terreur et, cependant, du désir d'être violentée encore plus intimement, c'est victorieusement que je saisis ma verge et que je la présente au bon endroit. A partir de la minute où je sens que je pénètre le sexe douloureux et voluptueux de mon amie, un délire s'empare de moi, je ne sais plus ce que je fais hors ce besoin fou, sauvage, de posséder, de pénétrer encore et encore plus. Mes reins ont un élan qui s'exaspère à mesure que mes mouvements spasmodiques sont plus violents, plus rapprochés. Pas un instant, je n'ai conscience de mon véritable sexe ; je sens vraiment par ma verge absente, grâce aux nerfs de mon clitoris surexcité, sans doute. Enfin, brusquement, quelque chose d'inouï, de lancinant, de foudroyant, traverse tout mon être, dans un dernier cri de triomphe sauvage, avec la persuasion que je projette ma sève, mon sang, je transperce mon amie d'un coup furieux et je retombe, à ses côtés, morte, anéantie, la tête perdue, tremblante et tous les membres aveulis, incapable d'aucun mouvement. A cette minute, la chérie, elle-même, m'est odieuse ; j'ai la nausée du baiser même le plus chaste ; je ne puis ni parler ni me mouvoir, jusqu'à l'instant où, de nouveau, ma pensée redevient claire, où je m'étire, où le sang recommence à courir sous ma peau et où je me redresse, sans désir, mais concevant

que, bientôt, peu à peu, une nouvelle efferves-
cende viendra m'embraser. »

Une autre femme ne jouissait lors d'attouchements au clitoris que si elle était sur le ventre et
libre d'exécuter les mouvements des reins de
l'homme au moment du coït.

Une grande dame du second empire, tout à
fait folle des jeunes et jolies filles qu'elle obli-
geait à la complimenter tout le temps de la « fricarelle » sur la beauté de sa verge absente. Plus
l'invention des filles était féconde, plus elles célé-
braient avec conviction les charmes de ce membre
n'existant que dans leur imagination et celle
de la comtesse X..., plus celle-ci goûtait de folles
joies. Elle donna des sommes insensées à une
jolie fille rusée qui savait se contorsionner à propos et pousser des gémissements pleins de vérité lorsque le doigt de la comtesse la pénétrant,
elle se lamentait de la douleur d'un viol imaginaire, suppliait qu'on l'épargnât, se tordait sous
l'outrage et le supplice fictifs.

Une autre, à la même époque, la femme d'un
financier connu, fut pendant dix ans sous la domination d'une chanteuse de music-hall qui,
sous un travesti, jouait les rôles de jeune gan-
din.

Soumise à tous les caprices de son amante qui
la menait à la cravache — sans aucune méta-

phore — elle n'avait qu'une exigence, c'est que l'actrice demeurât au théâtre.

L'autre n'avait garde d'y renoncer, comprenant que tout son prestige tenait à ce rôle que tous les soirs sa maîtresse se délectait à lui voir tenir, d'une avant-scène d'où elle lui envoyait des œillades et des bouquets.

Malheureusement, la svelte fille devint obèse, remplit burlesquement les culottes du gommeux démodé. Elle ne se maintint au programme que grâce à l'argent qu'elle soutirait à son adoratrice et reversait en partie à son impresario. La guerre franco-allemande vint anéantir ses derniers espoirs. En 1873, le gommeux impérial tentant de reparaître sur la scène d'un café-concert de troisième ordre, fut impitoyablement conspué.

Dépourvue aux yeux de son amante de son principal attrait, elle cessa de lui plaire et fut aussitôt abandonnée.

Si les inverties se font parfois illusion sur leur propre sexe, elles procurent aussi le même rêve, souvent à leur partenaire.

Un procès en adultère mit au jour une correspondance érotique des plus curieuses, adressée par une mondaine à une demi-mondaine et dans laquelle la dame adressait des paroles enflammées à son amante, non seulement en lui appliquant des qualificatifs masculins, mais en faisant des allusions si précises à des charmes que la courtisane ne pouvait posséder que les juges stupéfaits se demandaient s'il n'y avait pas supercherie de la part de cette dernière et si elle ne cachait pas une virilité réelle sous un costume féminin.

La demoiselle se prêta en riant à un examen médical qui lui reconnut une conformation parfaitement féminine.

Et, fait à noter, elle jura que dans ses rapports avec sa maîtresse elle n'avait jamais usé que de ses moyens naturels; tous les organes auxquels la dame faisait allusion n'existaient que dans l'imagination surchauffée de celle-ci.

Les femmes-mâles arrivent aisément à la cruauté à l'égard des enfants; nous étudierons ce cas dans un chapitre spécial traitant du saphisme sadique.

Au point de vue cérébral, la femme-mâle connaît de vives jouissances lorsqu'elle poursuit, traque, séduit et conquiert une nouvelle proie. Ses victimes préférées sont les innocentes, les femmes neuves à l'amour lesbien, celles les plus rebelles à la sensualité. Une conquête trop facile la désappointe et lui enlève le meilleur de son émotion.

La femme-mâle est extrêmement susceptible et jalouse. Elle ne supporte pas que sa maîtresse goûte des jouissances autres que celle qu'elle lui procure ; elle est capable des pires excès si son orgueil est blessé.

Elle peut inspirer de réelles passions ainsi que le constate le docteur Forel dans la curieuse notation qu'il donne page 285, dans son livre de *la Question sexuelle*.

« Une invertie habillée en garçon et se donnant pour un jeune homme, réussit à gagner par ses ferventes ardeurs l'amour d'une jeune fille normale, et se fiança officiellement avec elle. Mais peu après cet escroc-femme fut démasqué, appréhendé, puis conduit en observation à l'asile des aliénés où je le fis revêtir de vêtements féminins. Eh bien, la jeune fille trompée demeura amoureuse et rendit visite à son « amant » qui, dès qu'il l'aperçut, se jeta à son cou, la baisa partout et l'embrassa devant tout le monde dans de vraies convulsions voluptueuses impossibles à décrire. J'étais moi-même présent à la scène.

« La visite passée, je pris la jeune fille normale et florissante à part, et je lui exprimai ma stupéfaction de la voir conserver ses sentiments à l'égard de ce faux jeune homme qui l'avait pourtant indignement trompée.

« Sa réponse fut bien le soupir caractéristique de la vraie femme : « Ah ! voyez-vous, monsieur

« le docteur, je l'aime et je ne puis faire autre-
« ment ! » Que répondre à cette logique ? »

Très souvent l'invertie se marie, sans se douter de ses tendances sexuelles, c'est le mariage,
le premier coït qui les lui révèle.

L'épreuve conjugale est abominable pour l'invertie. Son mari lui est odieux, elle se prend
elle-même en dégoût. L'union sexuelle lui paraît
suprêmement dégradante, elle se juge souillée à
jamais.

Et loin que l'habitude atténue en elle ses
révoltes, celles-ci croissent, grandissent jusqu'à
la nausée, l'obsèdent, peuvent déterminer en elle
de graves troubles nerveux.

Sans trêve elle songe à s'affranchir de l'abominable corvée, elle essaie de chasser de son
esprit des images qu'elle juge immondes lorsqu'elle en est l'héroïne.

La plupart du temps, grâce à un subterfuge
quelconque, elle parvient à se délivrer de son
esclavage. Alors, elle respire, se reconquiert et
se lave moralement de la boue sous laquelle elle
se sentait enlisée.

Ce qui peut arriver de plus terrible pour l'invertie dont la sexualité conserve les qualités
féminines, c'est de devenir mère.

La grossesse lui cause une terreur et une répulsion invincibles. Sa honte de la maternité ne

peut se mesurer qu'avec son impatience et son dégoût envers son enfant.

Lorsque celui-ci est devenu grand, l'invertie peut se montrer envers lui excellente mère, très énergique, très sensée; mais pour le premier âge elle fait une maman détestable.

Dès que l'invertie s'est débarrassée de la chaîne conjugale, soit en lassant son mari par ses froideurs, soit en invoquant un faux mauvais état de santé ou suivant tout autre prétexte, elle ne tarde pas à sentir tout son être envahi par un violent besoin d'amour.

Mais cet amour elle ne le conçoit point comme les autres femmes. Son idéal est celui que pourrait avoir un jeune homme.

Si ses lectures, ses habitudes d'adolescente l'ont avertie, elle sait qu'elle souhaite l'amour saphique et ne tarde pas à s'y précipiter avec frénésie.

Moralement et physiquement, elle agit en homme.

Ce qui la séduit chez la femme qu'elle distingue, c'est sa délicatesse, sa faiblesse physique, sa puérilité, sa frivolité, jusqu'à son infériorité mentale.

Certaines femmes-mâles sont de véritables don Juans et ne nombrent plus la masse de leurs conquêtes.

XIII

LA FEMME HERMAPHRODITE

Par ce terme, nous n'entendons pas du tout le monstre physique qui possède les deux sexes plus ou moins atrophiés. L'hermaphrodite corporelle est presque toujours insexuée en ce qui concerne les sens et n'offre aucun intérêt psychologique.

Ce que nous voulons désigner par ce mot, c'est la femme qui cérébralement possède les deux sexes, et qui dans ses relations passionnelles éprouve tour à tour également les émotivités spéciales aux mâles et aux femelles.

La femme hermaphrodite complète est assez rare; mais beaucoup de créatures sont plus ou moins susceptibles de sensations troubles qui tiennent des deux sexes.

L'hermaphrodite cérébrale parfaite est le plus merveilleux instrument passionnel qui soit. Tantôt elle est mâle et connaît toutes les sensations victorieuses de l'homme qui coïte; tantôt elle est femme et savoure les délices d'une sujétion absolue.

Et, capable d'apprécier toutes les beautés, elle estime autant l'homme que la femme; elle use d'eux de toutes façons, tantôt normalement, tantôt en invertissant l'ordre naturel. Elle est délicieusement femme avec celui-ci; puis, rencontrant un homme efféminé, elle sera mâle brutal pour lui. Avec telle lesbienne-mâle elle sera sa docile épouse ou se réveillera maître despotique pour une amie dont les sens demeurent féminins.

La femme hermaphrodite est une sensuelle éperdue. Ne lui demander aucune sentimentalité, ce serait peine perdue: elle a tous les vices de l'homme et tous ceux de la femme.

Du reste, il est rare qu'elle tombe dans les excès sadiques; il semble que ses exaspérations contradictoires la maintiennent dans une sorte d'équilibre; et si elle est capable de fréquentes folies, la sinistre démence ne vient point la saisir, l'obliger au crime, aux actes irréparables. C'est habituellement une dilettante de la passion. Elle connaît ses facultés, les développe, les analyse, en jouit.

Parfois l'hermaphrodite demeure en apparence une chaste. Elle contente solitairement, en grand mystère et par l'imagination, l'envolée double de ses désirs. Elle possède et elle est possédée. Son esprit l'entoure de mille fantômes dociles à ses vœux.

Le docteur X... reçut un jour les confidences d'une femme dont la réputation était irréprochable et qu'il soignait d'une inflammation à la matrice.

Elle lui avoua que sa maladie provenait de son habitude de simuler des coïts répétés, violents et d'une violence inouïe, à l'aide d'instruments hérissés d'aspérités. Et de ses déclarations, il ressortait que si parfois, il lui fallait être en rêve la femme que possède un satyre, elle connaissait un plaisir non moins exquis en se persuadant qu'elle terrorisait et violait de jeunes vierges.

Par un dédoublement très curieux, elle arrivait à jouir de deux façons très dissemblables tandis qu'elle labourait sa chair intime avec l'engin cruel. Tantôt elle ressentait pour son propre compte. Tantôt son sexe devenait dans son imagination celui de la jeune fille qu'elle supposait près d'elle, et elle devenait l'homme pourvu de la verge torturante : ses sensations n'étaient plus que celles imaginées de la violentée.

Et, tout naturellement, alors que dans le premier cas, elle sollicitait d'une voix ardente le mâle fictif de ne pas l'épargner, de la faire encore plus souffrir dans sa chair, lorsqu'elle incarnait la victime, des cris aigus, des implorations sortaient de sa gorge, elle se tordait, repoussait de tout son corps le membre que sa main lui imposait impérieusement.

L'hermaphrodite est, on le comprend, essentiellement volage : la fidélité lui est absolument impraticable et inconnue.

Sans cesse curieuse de sensations nouvelles et variées, il faut à cette sorte de femme des conquêtes nombreuses et parfois plusieurs amours simultanées dans lesquelles elle assouvit ses penchants contraires.

La belle M…, cantatrice en renom, entretenait simultanément des relations avec deux hommes et une femme.

Avec son amant en titre, ses amours étaient normales ; elle l'aimait en femme et jouissait d'être possédée par un individu très viril et dont les qualités toutes masculines lui plaisaient.

Auprès de la femme, son rôle changeait : elle était l'homme tendre, caressant qui sollicite longuement avant de prendre et qui jouit autant du plaisir qu'il procure que de celui qu'il éprouve lui-même.

Près de son second amant son attitude était

plus compliquée. Celui-ci était un inverti décidé qui ne connaissait guère les érections, que la possession laissait froid et qui tirait des joies aiguës du fait d'être pénétré par l'anus.

Avec celui-ci, Mlle M... goûtait toutes les joies sensuelles de la brutalité permise. Elle pétrissait, maniait, flagellait cet amant docile et le possédait vigoureusement à l'aide d'organes postiches.

Les pamoisons de l'inverti, sa possession, lui causaient d'incomparables bonheurs. C'était peut-être celui de ses trois amours qu'elle préférait.

XIV

LES CINQ SENS DANS L'AMOUR SAPHIQUE

Il est incontestable que dans l'amour, même chez les natures les plus primitives, les plus brutes, tous les sens et le cerveau coopèrent à la sensation voluptueuse.

Plus les sens d'un individu sont aiguisés et affinés, rendus sensibles et vibrants, plus celui-ci est apte à recevoir des sensations voluptueuses ardentes, profondes et variées.

Localiser la jouissance passionnelle au siège précis du sexe serait montrer une singulière sottise et un étrange aveuglement.

Tous les sens concourent à faire naître le désir; tous sont en jeu pour le satisfaire.

La vue, le toucher, l'odorat, l'ouïe et jusqu'au goût jouent un rôle énorme dans l'amour et prennent chacun une prépondérance dans l'individu, selon les tempéraments.

Cependant, leur rôle étant différent, il est très compréhensible que, selon les circonstances, selon les individus et les races, les sens jouent un rôle inégal, les uns l'emportant sur les autres suivant les cas.

Chez les animaux et les races humaines primitives, le sens olfactif joue un rôle prépondérant dans l'amour. Les bêtes et les sauvages possèdent un odorat merveilleux et certaines odeurs agissent sur leurs nerfs de façon irrésistible. Le sens génésique des mâles particulièrement est réveillé et irrité par des senteurs dont, en Orient par exemple, l'on fait un usage habile quand on désire activer le désir.

La femme très femme est peu accessible passionnellement aux odeurs. Celles-ci peuvent lui être agréables, mais leur action est rarement suffisante pour lui causer une sensation voluptueuse ou l'amener à désirer celle-ci.

Au contraire, la femme-mâle et la femme hermaphrodite sont, en général, très sensibles aux parfums ainsi qu'aux senteurs naturelles.

Dans les relations intimes que l'on a avec un individu, d'un sexe ou d'un autre, les émanations naturelles de cet individu jouent un rôle capital dans l'attraction qu'il inspire. Il est des êtres malheureusement doués, ayant quelque tare de santé obscure qui, malgré les soins de propreté les plus méticuleux, exhalent des odeurs qui affectent l'odorat de leur partenaire et finissent immanquablement par le détacher.

Par contre, certains privilégiés possèdent une odeur naturelle plaisante et capable à elle seule d'exciter le désir, d'inspirer la volupté.

Dans l'amour saphique, le besoin exaspéré d'intimité qu'éprouve l'hermaphrodite ou la femme-mâle pour leur compagne fait que l'odeur naturelle de celle-ci tient une place importante dans leur amour.

Mme S..., une saphiste ardente, confiait en un jour d'abandon que son premier soin, avant de courtiser carrément une femme qui lui plaisait, était de flairer ses aisselles, sous un prétexte ou sous un autre. Si le parfum la rebutait, elle s'enfuyait; autrement, elle s'exaltait immédiatement.

Dans les baisers dits au dix-huitième siècle « à la florentine », le parfum naturel de la femme a une importance que l'on ne saurait nier et qui a une influence capitale sur les délires des saphistes.

Le sens de l'ouïe est également considérable en amour. Sans parler de la musique qui est un si merveilleux excitant, il y a le son de la voix de la personne aimée, ses cris, ses râles, ses paroles ardentes, affolées, aux instants de plaisir.

Certaines saphistes ne jouissent que lorsque leur partenaire parle abondamment ; soit qu'elle supplie, implore, soit qu'elle exprime sa gratitude, son bonheur ; ou encore qu'elle fouette le désir par des paroles ordurières, des mots obscènes.

Parfois, le son de sa propre voix est un merveilleux excitant et telle lesbienne jouit autant de ses clameurs que de celles de son heureuse victime.

La vue est une cause puissante d'exacerbation amoureuse. C'est la vue de la beauté d'un être qui en inspire le désir. C'est la volupté lue sur des traits qui affole le désir naissant. C'est encore la vue des obscénités qui, pour certains et certaines, exaspère la passion jusqu'au délire.

Du reste, la vue agit sur les lesbiennes de façon fort différente, selon le tempérament particulier de celles-ci.

Telle s'enflammera pour la beauté de son amante ; telle autre s'excitera à la vue de trésors habituellement dérobés ; telle autre encore cherchera la contemplation exclusive du siège du plaisir en restant indifférente aux autres beautés.

Les premières sont des amoureuses de l'esthétique; les autres des sensuelles que l'obscénité attire.

Le toucher est intimement lié au sens de la vue. L'un appelle l'autre et se complète. Le toucher sans la vue ne satisfait que partiellement; la vue sans la possibilité du toucher irrite plus qu'elle ne cause de jouissance.

Nous entendons naturellement le toucher actif, quant au toucher passif, c'est-à-dire à la sensation reçue par l'attouchement étranger, c'est tout autre chose et la vue y est secondaire.

Pour la lesbienne qui caresse et manipule sa compagne, il lui est un puissant excitant de suivre les frissons du corps de l'autre, de contempler les mystères de son intimité. Celle qui, au contraire, reçoit la caresse, peut éprouver du plaisir à suivre la passion de son amante sur sa physionomie, dans ses gestes; mais le plus souvent, sa jouissance sera plus grande si elle s'absorbe seulement dans la sensation provoquée en elle par les attouchements qu'elle subit.

Le goût, en amour, marche de pair avec l'odorat dans les baisers qui sont une partie des manifestations de l'amour saphique.

XV

LES ATTITUDES DE L'AMOUR LESBIEN
LEUR RAPPORT PSYCHOLOGIQUE
AVEC L'HOMOSEXUALITÉ

Il est superflu d'expliquer que, lorsqu'il s'agit de rapports ayant lieu avec des organes virils postiches, toutes les attitudes que le vice ingénieux inspira aux amoureux de sexe différent sont applicables à l'amour lesbien.

Elles sont recherchées précisément par les amantes qui essaient de se donner mutuellement l'illusion de l'amour naturel et elles aident à celle-ci.

Lorsqu'il s'agit de jouissances voluptueuses provoquées par attouchements manuels ou par des caresses au sexe données par les lèvres et la langue de l'amante, les attitudes sont commandées par le genre de la caresse et les préférences particulières des individus.

D'après toutes les confidences faites à ce sujet l'on peut conclure que le frottement du clitoris à l'aide du doigt amène des sensations différentes selon la position de la femme qui reçoit cette caresse.

Si celle-ci est étendue sur le dos, le spasme est accompagné d'une sensation d'abandon, d'anéantissement infini, la femme se livre, est vaincue.

Lorsqu'elle est couchée de côté, il y a résistance, lutte voluptueuse contre la sensation montante et qui finit par la vaincre.

Couchée sur le ventre, et la main de l'amante venant trouver le clitoris en passant entre les jambes, le spasme est très vite provoqué et particulièrement spontané, ardent et presque douloureux, mais d'une saveur goûtée par les sensuelles prononcées.

Toutes celles qui ont quelques velléités mâles, attaquées de cette sorte, goûtent des plaisirs mixtes tenant de l'instinct copulatif mâle et de la satisfaction sensuelle de la femelle.

L'explication de ce fait est dans la mise en jeu de muscles différents lors de chacune des attitudes et par suite de l'action dissemblable exercée sur les nerfs et transmise au cerveau.

Il est à remarquer que, par suite de son éducation esthétique, la femme garde presque toujours dans l'amour saphique une préoccupation non pas pudique, mais coquette. Rares sont les lesbiennes qui n'étant pas des nymphomanes recherchent l'obscénité dans les postures et les attitudes.

Alors que la plupart des hommes sont excités par la vue d'une posture disgracieuse mais obscène, la majorité des femmes en est plutôt choquée et détournée de la jouissance.

Il n'y a pas là un instinct proprement dit ; c'est le résultat de l'éducation donnée à la femme qui, sans cesse réprime ses gestes disgracieux, la rappelle à une pudeur hypocrite, lui enseigne qu'à tout prix il faut toujours être jolie, gracieuse, harmonieuse.

Les manquements à ces règles qui deviennent pour la femme une seconde nature lui sont en général difficiles.

Au contraire, l'homme n'a point d'ordinaire cette pudeur à vaincre et l'obscénité l'enflamme plus aisément parce qu'elle ne le répugne que rarement.

Cependant, chez la femme atteinte plus ou moins de nymphomanie, le désir et la jouissance de l'attitude obscène devient un plaisir analogue à celui de tant de femmes qui seraient choquées

de certains gestes et qui se complaisent en certains instants passionnels à écouter ou à prononcer elles-mêmes les paroles les plus grossières.

La nymphomane n'étant qu'une sorte d'aliénée,
il ne faut pas s'étonner que la poussée animale
qui l'envahit la conduise aux gestes les plus
révoltants, aux attitudes les plus écœurantes.
Quand on a eu devant soi le spectacle qu'offre
une folle ou une nymphomane en leurs instants
de délire passionnel, l'on a l'idée de ce que devait
être jadis les sabbats où des hystériques se
ruaient, se croyant sorcières, et se livraient à
toutes les contorsions lubriques que leur suggé-
rait — croyaient-elles — le démon.

Nous avons connu un jeune docteur, interne
dans un asile de nymphomanes aliénées, qui dé-
clarait que le spectacle immonde que lui offraient
perpétuellement les malheureuses internées lui
était un supplice encore plus grand que celui de
la dissection des corps demi-putréfiés, cette
terrible épreuve du médecin.

XVI

LES ABERRATIONS SAPHIQUES

Au mot « aberration » nous trouvons dans le dictionnaire cette définition :

« Écart d'imagination, erreur de jugement, anomalie dans la conformation des organes ou dans l'exercice de leurs fonctions. »

Nous lui donnons toutes ces acceptions et encore un sens plus large, car nous enfermerons dans les chapitres qui suivent toutes les observations que nous avons pu réunir, depuis les faits les plus simples jusqu'aux monomanies, aux cas tenant plus de la folie que du rêve désordonné passager d'un esprit exalté.

Tout amour comporte de l'aberration à un degré quelconque, léger ou plus ou moins prononcé. L'amour lesbien en est une, par son essence même. Et toutes ses manifestations en accusent de plus ou moins profondes, étranges, extraordinaires.

Mais, ainsi que l'ont dit maints philosophes, qu'est-ce qui, étant donné notre état de civilisation est véritablement normal en amour aujourd'hui ?

Et nous pourrions étendre cette question à tous les phénomènes de la vie humaine.

Qu'est-ce qui est normal dans notre existence de civilisés ?...

Le sommeil, la nourriture, ces nécessités de notre vie, ne sont-ils pas soumis à des lois humaines qui dérogent aux exigences de la nature.

Éclairer les rues et les appartements pendant la nuit, mener une existence active durant ces heures nocturnes qui devraient être consacrées au repos, à la léthargie réparatrice, n'est-ce pas là des habitudes anormales ?

Consommer des viandes cuites, des aliments épicés, des boissons alcooliques, des fermentations abondant en microbes dangereux, n'est-ce pas sortir de la vie naturelle normale de l'homme primitif ?

Nous nous arrêtons, mais tout dans le monde et la vie offre un exemple de la violation perpétuelle des lois naturelles par suite des lois et des habitudes que nous a apportées le fait de vivre en société.

L'amour, comme tout dans notre vie sociale, a dévié de son but primitif; d'un besoin instinctif qu'il était à l'aube des sociétés, il est devenu un moyen d'obtenir du plaisir, des sensations violentes ou délicieuses. Il était indiqué que ces déviations se multiplieraient et dégénéreraient en excès chez certains êtres dont l'équilibre n'est pas absolument parfait.

Dans l'histoire des aberrations saphiques que nous allons essayer de conter, quelques-unes paraîtront fort ordinaires et fait normal pour beaucoup, d'autres seront taxées de pure démence; la plupart sont communes à toutes les amours et pourraient se présenter aussi bien entre amants de sexe différent. Et entre elles, la ligne de démarcation entre la fantaisie et la pathologie est si difficile à tracer que nous ne le tenterons pas toujours, laissant souvent au lecteur le soin de la placer où il voudra.

# XVII

LES ABERRATIONS DE L'OUÏE

Nous l'avons dit précédemment, les jouissances voluptueuses et les aberrations passionnelles que l'ouïe peut procurer sont de deux sortes : la musique produit la première ; la parole, la seconde.

La musique a une action puissante sur les nerfs humains que l'on ne saurait nier, que d'ailleurs la science explique.

Selon le rythme, la disposition des tons, la succession des notes, les sons des instruments, la musique détermine chez les moins doués pour sentir la mélodie les larmes, la gaîté, la volupté, le besoin de cruauté ou de bonté.

Nous ne parlons point là des savantes musiques modernes qui, à force de complications n'expriment plus rien pour des âmes simples, mais des musiques primitives qui sont en véritable communion avec les sens humains.

Et, nous disons les sens « humains » parce que nous ne parlons ici que de l'espèce humaine, mais les animaux sont tout aussi sensibles à la musique que les hommes.

C'est avec le rythme différent des tambourins qu'en Afrique, l'ardeur guerrière ou le désir voluptueux s'exprime et se communique dans les nerfs et le sang des auditeurs.

C'est le chant ardent et mélancolique des instruments qui, dans les pays slaves, coule des ardeurs et des sauvageries féroces sous l'épiderme des femmes et des hommes.

La volupté espagnole jaillit des rythmes des danses nationales.

Toute la passion effrontée de la race italienne s'échappe de ses chansons populaires aux motifs si canailles et pourtant d'autres fois si candides et si délicieux.

Le vice s'exaspère en nos rythmes de bastringue, et le grand mystère de la volupté exotique surgit des musiques bizarres de l'Inde, de Java, de Chine.

Pour que la musique prenne sur les sens une action passionnelle influente, il est nécessaire de pouvoir s'absorber dans le rêve.

La musique ne prend possession de l'être que si, tandis qu'il écoute, il s'abstrait de la vie ambiante, entre en communication directe avec la vibration musicale qui correspond à son cerveau et y éveille des vibrations de même concordance.

Les personnes très occupées mentalement, qui ne se distraient point de leurs pensées, sont plus difficilement soumises à l'influence de la musique.

Aussi, en général, l'homme est-il moins sensible à la musique que la femme. Et de même, les peuples affairés, actifs se soustraient-ils plus à la domination passionnelle de la musique.

Parmi les femmes, les agitées, les coquettes, les têtes de linottes sont beaucoup moins sujettes à subir l'énervement musical que les rêveuses, les nonchalantes, ou les contemplatives.

En Orient, toute musique est synonyme de danse et d'érotisme ; vif ou lent, le rythme monotone et obsédant invite impérieusement à l'amour, aux gestes lascifs, incite aux étreintes.

Dans les harems de Perse, le grand divertissement des dames est de faire danser des fillettes nues aux sons d'une langoureuse musique, en même temps qu'une esclave ou une amie les titille avec insistance.

Une grande dame, sous le second empire, ne

contentait pleinement sa lubricité qu'en se faisant embrasser par trois ou quatre femmes à la fois, dans un des salons du bal Mabille, aux sons de la musique de bastringue du bal. Son arrivée faisait sensation parmi les filles qui connaissaient ses goûts et savaient qu'elle était fort généreuse. Elle pénétrait dans le bal au bras de quelque « petit crevé », resplendissante de diamants, dédaigneuse de cacher sa personnalité, faisait trois ou quatre tours en désignant du bout de son éventail les élues. Ensuite, elle congédiait son compagnon et montait dans un cabinet, suivie de sa troupe qui était toujours composée de sept à huit filles.

On commençait par un plantureux souper où le champagne et les liqueurs coulaient à flots ; puis, sur un signe de la lascive marquise, l'orgie commençait. Dévêtue, étendue sur les coussins du divan, elle abandonnait son corps, qu'elle avait très beau, aux caresses simultanées de ses amoureuses d'un soir, chez qui la lasciveté réelle se doublait du frénétique désir de stimuler la générosité de la grande dame par un zèle particulier. Mais chose remarquable, c'est que cette femme ne se livrait à ces fêtes charnelles qu'en ce lieu et durant que l'orchestre jouait : c'était cette musique spéciale du bal public qui l'excitait.

*
* *

L'influence voluptueuse de la parole, des cris d'amour, des exclamations, des mots jetés dans l'affolement sensuel augmentent infiniment pour certaines natures la jouissance au moment du plaisir.

Il y a des femmes qui, pendant le coït, se laissent aller à prononcer tout ce que la volupté leur suggère ; beaucoup se retiennent par pudeur, par crainte du ridicule. Auprès d'une femme, elles sont plus à l'aise, et c'est certainement dans les relations saphiques que la passion est le plus verbeuse et le plus caractéristique, dévoilant le mieux le caractère ou la bizarrerie de chacune des créatures en état d'amour.

Mme N... était d'ordinaire la femme la plus réservée qui se pût voir. Même avec des amies intimes, jamais un mot équivoque ne s'échappait de ses lèvres et elle rougissait visiblement quand un sujet scabreux était glissé dans la conversation. Et cette chasteté était réelle, naturelle et non point feinte par hypocrisie.

Puis, aux heures passionnelles, comme si une nouvelle femme se levait en elle, bavarde, ordurière, éjaculait tout ce que sa mémoire avait pu amasser de termes abominables, d'images obscènes.

C'était principalement cette étrange disposition qui l'avait conduite à l'amour saphique. Elle fût morte de honte de se laisser aller à son incontinence de langage auprès de son mari ainsi qu'avec un amant; elle se lia avec une femme à qui elle avoua son étrange manie, si difficilement étouffée, et peu à peu les conversations des deux amies les enflammèrent si bien qu'elles essayèrent quelques caresses timides qui, promptement les entraînèrent au grand jeu. Dès lors, Mme N... pùt assouvir son désir sans crainte. Et ses paroles lubriques fouettant les sens de sa compagne, elles en arrivèrent aux joies les plus excessives.

Il y a quelques années, je ne sais quel journal avait inventé de poser une question indiscrète : —Quels mots employez-vous aux heures de passion? — à ses lecteurs. Naturellement, on ne lui répondit que des insignifiances; mais dans un certain monde, un papier courut où une femme — vénale d'ailleurs — connue pour ses relations saphiques avec nombre de femmes du monde, du demi-monde et du monde artistique, avait noté les phrases favorites de ses amantes aux instants passionnels.

Ces mots, ces exclamations ou objurgations étaient de nature différente et pouvaient être divisés en quatre types généraux.

Dans le premier groupe, l'excès du plaisir se traduisait par des mots exprimant une terreur exagérée, des supplications, une souffrance imaginaire.

Les « patientes » criaient grâce, imploraient la pitié, suppliaient que l'on finît leur martyre. Bien entendu il ne fallait pas les prendre au mot et leur tourment leur était précieux.

Cependant, elles étaient à demi sincères et leur trouble passionnel, leur vertige confinait de très près à la douleur que leurs paroles affirmaient.

Le second groupe comprenait des femmes chez qui l'érotisme déchaînait le besoin de prononcer des mots grossiers, d'évoquer des images obscènes, la plupart du temps incohérentes. Certaines répétaient insatiablement un mot, une phrase ordurière, s'en gargarisaient, semblaient s'enflammer avec ces syllabes au poivre.

Et, la professionnelle de qui nous tenons ces précieuses remarques psychologiques faisait observer que ces folies de langage surgissaient spécialement chez les femmes du monde, à la conversation habituellement châtiée, et qu'elles ne comportaient point forcément le goût de l'obscénité pour tout ce qui touchait aux questions passionnelles.

Par exemple, une de ses amantes proférait

cent fois, mille fois, durant les minutes précédant le spasme, le nom vulgaire du membre viril, et jamais elle n'avait consenti à ce que son amante se servît avec elle d'organe postiche et elle refusait avec une pudeur effarouchée et non hypocrite de regarder des photographies obscènes reproduisant des hommes en état passionnel.

Le troisième type de bavardes passionnelles comprend des exaltations puériles, des mots enfantins balbutiés avec une petite voix, tout une retombée à l'enfance de l'amoureuse dont la jouissance naît du sentiment qu'elle est une petite chose, faible, menue, livrée à la volonté, aux désirs, aux caprices sensuels de l'amante qui la viole.

Enfin, viennent celles dont les exclamations débordent de tendresse, qui répètent insatiablement de confuses déclarations d'amour, d'adoration, des protestations hachées, haletantes, souvent sans suite et qui ne dénotent pas du tout que le caractère de la personne qui les émet soit tendre et susceptible des sentiments exprimés.

A côté de celles que la passion fait parler, il y a celles que la parole fait aimer.

Telle femme sera mise en état passionnel graduellement ou brusquement, selon sa nature, par des paroles tendres, ou passionnées, ou grossières, ou graveleuses prononcées par son amante, tandis qu'elle-même se taira ou parlera peu.

Il est rare que des paroles passionnelles, brûlantes, érotiques ou même obscènes jetées aux instants de trouble sensuel n'activent pas la passion chez celle qui les écoute ; pourtant elles agissent plus ou moins suivant le tempérament des auditrices.

Certaines aberrations passionnelles concernant l'ouïe méritent d'être citées comme documents physiologico-psychologiques.

Mme C..., une jeune femme de vingt-huit ans, de mœurs en apparence chastes, sans amant, ayant un mari de tempérament très froid, avait noué des relations saphiques avec une de ses amies. Mais, chose singulière, l'idée qui exaspérait le plus sa sensualité c'était d'imaginer un jet d'urine coulant abondamment. Et, il ne lui fallait pas voir cet acte, mais l'entendre. Mise dans la confidence et complaisante, son amante, tandis qu'elle la caressait s'arrangeait de manière à ce que toutes deux fussent à proximité d'un robinet d'eau ouvert, dont le jet s'épandait avec un doux bruit de liquide dans un vase. Alors la passion de Mme C... s'exaspérait jusqu'au délire.

Le docteur X... avait dans sa clientèle une femme dont le plaisir atteignait son paroxysme lorsque son amie l'embrassait sur la bouche en froissant longuement du papier.

La tempête, le grondement du tonnerre, le bruit sinistre du vent dans les cheminées sont de puissants agents pour amener ou augmenter la volupté dans les nerfs féminins, mais là, le bruit devient influent principalement par l'effroi qu'il fait naître — inquiétude qui se rapporte aux phénomènes annoncés par les bruits qui s'y rapportent.

Certains bruits sont évocateurs de volupté pour telles femmes parce qu'ils leur rappellent des circonstances où elles aimèrent.

Parfois, des femmes très pieuses sont extraordinairement excitées de recevoir des caresses secrètes données en cachette dans une église, tandis que résonne la voix du prêtre, ou celle de l'orgue. Une dévote ayant à ses côtés une amie avec laquelle elle goûtait des plaisirs lesbiens ressentait des chatouillements qui allaient jusqu'au plaisir le plus aigu, lorsque la sonnette résonnait pendant la messe. Ces sons argentins et impérieux la traversaient et, disait-elle, venaient labourer son sexe, le mettre à vif.

La volupté qui s'exaspère des cris de douleur de son compagnon de plaisir fait partie du domaine du sadisme, c'est pourquoi nous n'en parlerons point dans le chapitre présent. Ici

nous ne notons que les faits normaux, les sin-
gularités, les aberrations sans conséquences
sérieuses, simplement comiques ou curieuses.

XVIII

LES ABERRATIONS DU GOUT

Les habitudes saphiques familiarisent celles qui s'y livrent au goût caractéristique de la sécrétion particulière au vagin lorsque la femme est soumise aux sensations voluptueuses accompagnant l'orgasme vénérien.

Différente du sperme masculin, non seulement par le fait qu'elle ne contient aucune cellule germinative, mais par son caractère de plus grande fluidité, cette sécrétion possède néanmoins une saveur et une odeur spéciales, plus ou moins prononcées suivant la femme et le tempérament de celle qui les émet.

Les sécrétions des brunes sont plus fortes que celles des blondes, celles des rousses plus âcres. Celles des négresses rappellent l'odeur de l'urine de rat et celles de la race jaune un mélange de tilleul et d'iode.

Ces odeurs et saveurs naturelles sont, comme il est facile de l'imaginer, augmentées et viciées par les habitudes de propreté des individus et surtout par leur état de santé.

Lorsque la femme est d'une propreté scrupuleuse et que sa santé est rigoureusement bonne, ses sécrétions sont normales et n'exhalent que leur parfum caractéristique. Celui-ci, qui peut rester indifférent ou même être désagréable à une personne froide, devient, pour la passionnelle, un puissant moyen d'excitation.

Toutes les odeurs influent différemment sur les sens ; tandis que les unes produisent une impression désagréable ou pénible, d'autres sont agréables, d'autres irritantes ; il n'y a donc rien de surprenant à ce qu'une odeur sexuelle soit de nature à provoquer une sensation voluptueuse.

Chez les nymphomanes, plus ou moins accentuées, la passion de la sécrétion d'une femme en état d'amour prend des proportions parfois exagérées, et l'orgasme est provoqué, chez elle, rien que par le goût de ce liquide que leur bouche happe avidement.

C'est le même sentiment qui fait apprécier, à certaines femmes, la sève masculine.

Ceci n'est, en somme, qu'un instinct naturel poussé à l'excès; mais, où cela devient de la perversion pathologique, c'est quand le goût de la sécrétion passionnelle se double du goût de l'urine de l'individu aimé.

Ces aberrations, si elles ne sont pas fréquentes, ne sont cependant pas fort rares.

Les ferventes de l'urine se divisent en deux groupes. Les premières sont des nymphomanes enragées qui adorent tout ce qui provient de l'être qui les affole.

Lorsqu'elles sont atteintes du délire passionnel, tout leur être, tous leurs nerfs tendus vers la seule vibration sensuelle les anesthésient pour toutes les autres sensations. Rien ne peut les dégoûter ni les révolter ; leur être normal a sombré, est momentanément remplacé par une sorte de créature démente suprêmement.

Les secondes sont des « masochistes », c'est-à-dire sont atteintes de cette manie spéciale qui fait goûter du plaisir dans l'humiliation, la honte et la souffrance.

Chez celles-ci, boire l'urine de leur amante n'est pas un acte de délire passionnel, mais un acte d'humilité qui, indirectement, provoque, en elles, le plaisir vénérien.

En général, les buveuses d'urine passionnelles sont des hermaphrodites ou des femmes-mâles,

les autres sont des passives déséquilibrées.

Nombre de femmes hystériques, à un degré quelconque, ont des goûts bizarres momentanément ou de façon constante, croquent de la craie, de la terre, mâchent du papier, mangent des pommes de terre crues, etc. Il est bien rare que ces goûts anormaux n'aient pas une cause passionnelle qui, parfois, reste obscure pour le sujet lui-même.

Il est universellement reconnu que les femmes enceintes ont souvent des appétits anormaux. Il faut nettement écarter d'abord les menteuses et les simulatrices qui sont nombreuses et ne se prétendent des « envies » que pour se rendre intéressantes ; puis celles qui subissent une auto-suggestion. Persuadées qu'elles auront des goûts pervers, elles s'en cherchent et s'en forgent.

Restent celles qui, sincèrement, sont brusquement saisies d'appétits contraires à toutes les habitudes naturelles alimentaires. Celles-là subissent le contre-coup d'une irritation sensuelle née, en général, par les habitudes voluptueuses qui leur sont familières et dont leur état de grossesse les éloigne.

Les lesbiennes par goût, et qui se livrent quand même à un époux ou un amant, par suite de considérations quelconques, sont particulièrement sujettes à ces aberrations du goût pendant leur grossesse, lorsque celle-ci éloigne d'elles leur amante répugnée.

Les vierges, tourmentées par leur sexe et demeurant chastes, sont fréquemment hantées par des désirs d'aliments singuliers.

Mlle Henriette V... qui, à dix-sept ans, n'était pas encore formée, bien qu'elle se livrât à de fré·quentes masturbations, adorait mordre dans les fruits verts, au goût aigre, âpre ou amer, qui qui les aurait fait rejeter avec horreur par tout humain normal. Et, tandis qu'elle savourait une prunelle ou une graine de sorbier non mûre, son sexe était voluptueusement chatouillé. Un cornichon vert dévoré lui procurait immanquablement l'orgasme vénérien sans l'aide d'aucun attouchement, sans imagination érotique ou sentimentale d'aucune sorte.

Du reste, l'état pathologique de cette jeune fille n'était qu'accidentel et, ses règles apparues, elle cessa de rechercher les aliments bizarres. Néanmoins, elle fut toute sa vie une passionnelle aux goûts aberrés et se découvrit très vite une prédisposition au saphisme actif.

XIX

LES ABERRATIONS DE L'ODORAT

Les aberrations de l'odorat sont intimement liées à celles du goût, et presque les mêmes.

Cependant, il faut distinguer les femmes qui reçoivent une impression voluptueuse rien qu'en sentant un parfum agréable, ainsi que celles qui subissent l'action si grisante de certaines odeurs orientales brûlées et aspirées plus ou moins directement.

Tout le monde sait la puissance du haschich et de l'opium fumés pour amener des rêves érotiques, mais on connaît moins leur action lorsqu'ils sont simplement respirés.

Fumés, ces poisons de l'organisme rendent inaptes aux plaisirs de l'amour aussi bien les femmes que les hommes, tout en leur procurant l'illusion parfaite de délices inouïes.

Durant les rêves érotiques les plus ardents de fumeurs d'opium, leur sexe est absolument en léthargie.

Il n'en va pas de même lorsque la senteur de ces produits parvient seule à l'organisme sans être directement aspirée et la fumée mise en contact avec les muqueuses de la bouche, de la gorge et du nez.

L'opium comme le haschich, simplement respirés dans une pièce où d'autres gens les fument, provoquent un trouble passionnel plus ou moins marqué suivant le tempérament de la personne et peuvent conduire aux jouissances passionnelles les plus aiguës.

L'odeur du tabac produit le même effet à de rares individus.

Mais il est des poudres ou des pastilles orientales qui sont spécialement préparées pour, en brûlant dans une pièce close, constituer d'efficaces aphrodisiaques.

Pas assez actives pour rendre le tempérament inerte, elles le sont suffisamment pour apporter une sorte de délire passionnel dans le cerveau et donnent une rare acuité aux jouissances sexuelles prises sous leur influence.

Les lesbiennes des harems sont particulière

ment friandes de cet expédient qui, dans leurs caresses stériles, les fait goûter à des illusions sensuelles inouïes.

Certaines femmes très passionnées préfèrent la masturbation accompagnée de vapeurs parfumées, à l'amour saphique. D'autres, au contraire, exaspérées par les pénétrantes senteurs, ne peuvent rassasier leurs désirs qu'avec une ou plusieurs compagnes.

XX

LES ABERRATIONS DE LA VUE

En général, la femme est moins sensible à la vue que l'homme. Celui-ci est bien plus ordinairement enflammé qu'elle par la vue de la beauté féminine ou par le mystère du corps révélé, ou encore par des obscénités.

Néanmoins, la vue joue pour tous un rôle très grand dans les jouissances passionnelles et certaines femmes sont pourvues de sens tout à fait masculins à cet égard.

La femme-mâle excite son désir en contemplant la beauté du visage de sa maîtresse, la grâce de ses attitudes, le feu ou le piquant de ses regards, l'attirante humidité de ses lèvres prometteuses de savoureux baisers.

La nudité des bras et des épaules, la vue des

seins l'enflamme, ainsi que la blancheur ou la finesse de la peau. Et l'intimité du sexe, le mystère du ventre, des cuisses, la jette dans un trouble passionnel aigu.

La femme-femme est moins sensible aux détails physiques de son amante et subit plutôt le charme de l'ensemble de l'autre.

L'hermaphrodite et la femme-mâle peuvent connaître l'érotisme particulier qui naît de la pensée ou de la vue directe d'objets obscènes, d'attitudes, de postures lubriques, de gestes luxurieux.

Beaucoup de femmes se complaisent devant des gravures galantes, et contempler des dessins ou des photographies représentant des objets ou des scènes obscènes les jette dans un trouble passionnel comme malgré elles.

Tous les organes de la génération mâle ou femelle, naturels, postiches, ou simplement représentés, agitent la lesbienne, l'incitent à l'amour, ainsi que, pour beaucoup, la vue d'objets qui lui rappellent l'acte amoureux.

Chez quelques individus, cette obsession de l'obscénité devient une manie, les femmes y sont particulièrement sujettes ; bien que le cas se présente chez des hommes : témoin certain sénateur fameux qui n'est, en réalité, qu'un malade érotomane hanté par l'idée de l'obscénité.

Le docteur X... eut, dans sa clientèle, une

femme qui, impuissante à se rassasier avec son mari, se faisait masturber par sa femme de chambre à l'aide de tous les objets qui pouvaient rappeler le membre masculin. Et, peu à peu, machinalement, devant tous les objets qui tombaient sous ses yeux revenait la même pensée : « Cela pourrait-il servir de verge ? » L'univers entier se peuplait, pour elle, de phallus de toutes dimensions, de toutes formes. Un bougeoir, un flacon, un verre de lampe, certains vases, des fruits, s'érigeaient devant elle, non sous leur forme réelle et leur véritable destination, mais comme de fantastiques organes que son sexe désirait avidement — la plupart du temps sans pouvoir se contenter.

Et malgré cette monomanie qui la poursuivait perpétuellement, lui faisait honte et chagrin, cette femme conservait assez de volonté pour la cacher et garder une attitude normale dans le monde.

Une autre malade de la même clinique

Mme R..., atteinte de sodomie imaginaire, avait une collection de petits animaux en bois, en porcelaine, en pâte, etc., et s'en servait, devant une glace, pour caresser et pénétrer sa vulve, s'excitant extraordinairement en voyant la tête de l'animal se promener sur son sexe.

La vue d'animaux s'accouplant trouble infiniment nombre de femmes et les incite aux actes solitaires ou sollicités d'une compagne.

Contempler des couples en fonction passionnelle est un goût qui devient facilement une manie chez les femmes aussi bien que chez les hommes.

Voir quelqu'un examiner votre corps ou votre sexe, ou votre accouplement, ou votre embrassement lesbien suggère des émotions délirantes chez certaines et certains.

Les premiers sont des « voyeurs » ou des « voyeuses ». Les seconds sont des exhibitionnistes.

Les premiers peuvent devenir des maniaques ; les seconds sont sujets à la folie, si le goût prend chez eux la proportion d'une manie constante.

La voyeuse inactive, c'est-à-dire satisfaisant simplement ses désirs en contemplant des scènes voluptueuses, est assez rare. En général, pour goûter une joie complète, il lui faut, en même temps qu'elle contemple des ébats passionnels, être, elle-même, soumise à des caresses quelconques.

Dans les réunions saphiques à plusieurs, l'excitation passionnelle de la vue des couples est accompagnée de jouissances amoureuses physiques et directes.

Dans les sociétés galantes du dix-huitième siècle et celles qui existent mystérieusement de

nos jours encore entre femmes affiliées pour célébrer les fêtes saphiques, un ou plusieurs couples sont particulièrement exposés aux regards
des assistantes, mais celles-ci se livrent à peu
près aux mêmes actes afin d'arriver aux suprêmes
joies.

Il existe actuellement une société d'une ving-
taine de femmes où les réunions orgiaques men-
suelles sont organisées comme nous allons le ra-
conter.

Le lieu de réunion est l'atelier de l'une d'elles,
qui est peintre.

La convocation sur carte postale invite fort
innocemment à venir prendre le thé chez Mme X...
de 4 à 8 heures, sans autre indication; mais les
affiliées savent de quoi il s'agit.

Cinq ou six de ces sociétaires, y compris la
maîtresse de la maison et organisatrice de ces
fêtes saphiques ont atteint, et même dépassé, la
maturité, le reste est en pleine jeunesse; deux
sont jeunes filles et n'ont pas vingt ans. Toutes
appartiennent au monde « mondain » ou au monde
de l'art, sauf une femme galante connue qui, du
reste, a des origines mondaines et des meilleures.

Au début, la réunion ne diffère pas d'un five
o'clock ordinaire. Les invitées arrivent peu à peu,
élégamment vêtues, causent, dégustent du thé,
du chocolat, des vins fins, des fruits au cham-

pagne, des sandwichs et des petits fours.

La seule note spéciale est que jamais une silhouette masculine ne se glisse dans les salons, et que le service, au lieu de classiques valets, est fait par deux femmes de chambre, l'une anglaise, une blonde effrontée ; l'autre italienne, un peu trop forte, mais splendide créature, aux yeux et à la chevelure de nuit.

Quand toutes celles qui doivent venir sont arrivées et que l'appétit de toutes est contenté, l'aspect de la salle tend à devenir un peu plus caractéristique. Appuyant le doigt sur une sonnette électrique, Mme X... donne l'ordre de commencer le spectacle ; le grand rideau qui masque le fond de l'atelier s'entr'ouvre ; sur une estrade s'avancent des musiciennes, des chanteuses et des danseuses exotiques ou simplement étrangères.

Merveilleux « impresario », Mme X... sait fournir à ses spectatrices trois ou quatre troupes nouvelles durant chaque saison. Tantôt, ce sont des anglaises à l'impudence et l'entrain clownesques qui chantent et dansent au son du banjo, de l'harmonica ou de la cornemuse, tantôt apparaissent des Italiennes, des Espagnoles, puis des troupes de Perse, du Caire. Pendant tout un hiver, le grand succès fut pour une troupe de bohémiennes russes dont la moitié, costumées en

hommes, dansaient, avec un entrain fou, les pas
si curieux des paysans slaves.

Du reste, l'atelier garde son apparence de fête
mondaine, sauf, petit détail presque insignifiant, que les spectatrices ne sont point rangées
indifféremment ou disséminées, au hasard, sur
les canapés, les ottomanes, les vastes sièges
garnissant la pièce, mais que, déjà, une sélec-
tion s'est faite et des couples occupent le même
siège.

Parmi ces paires, il en est qui sont toujours
composées de même; d'autres varient à chacune
des réunions; et, pour qui sait voir, le choix
s'opère pendant l'innocent five o'clock qui a précédé, où certaines rivalisent de coquetteries,
s'offrent, se font désirer, d'autres qui examinent,
se tiennent sur la réserve ou s'emballent.

Peut-être trouverait-on un peu plus de laisser-
aller aux danseuses que dans un salon ordinaire
ou sur une scène de music-hall, pourtant jamais
cela n'arrive à une exhibition complètement sans
retenue. Ces dames sont très prudentes et savent
qu'il peut être fort dangereux de mettre ces com-
parses au courant des fêtes spéciales du lieu. Si
quelqu'une des artistes les enflamme, elles l'in-
vitent séparément et de façon discrète.

La troupe des danseuses et des musiciennes
n'ont pour but que de disposer voluptueusement

les spectatrices à la scène dont elles-mêmes seront bientôt les actrices.

Le spectacle terminé, les artistes parties, l'on passe, durant un quart d'heure, dans le fumoir, tandis que les femmes de chambre se hâtent de donner les derniers apprêts à l'atelier.

Cette pièce est très petite, étroitement close, déjà saturée d'odeurs de tabac, d'éther, d'opium, de chloral, de tous les poisons divers dont ces dames font plus ou moins usage. Au bout de cinq minutes, l'air est absolument irrespirable et toutes les têtes ivres et congestionnées.

Au signal donné, toutes les femmes, déjà plus ou moins débraillées, parlant haut, les regards allumés, ayant perdu toute correction mondaine, se rendent en une série de petits cabinets ménagés par des paravents, où, seules ou aidées par des femmes de chambre, elles se déshabillent et revêtent des peignoirs très divers, s'accordant à leurs goûts ou leur genre de beauté, mais se ressemblant tous, en ce sens, qu'ils sont directement posés sur la chair nue.

Seule, Mme X... porte, sous son peignoir, un maillot de soie qui contient vigoureusement ses chairs molles et dissimule d'abominables cicatrices provenant de scrofules dont elle a souffert pendant toute sa première jeunesse.

Ce maillot est, d'ailleurs, généreusement ouvert aux endroits propices.

Avec hâte, les couples rentrent dans l'atelier, éclairé à l'électricité, où des brûle-parfums projettent de violentes senteurs, et où les divans, rangés circulairement, sont couverts de coussins.

Chacune des paires se place à son gré pour le spectacle que, tour à tour, un couple donnera et qui comportera toutes les étreintes imaginables avec ou sans organes pseudo-masculins.

Là, les regards avides des dames se repaissent des tableaux obscènes et lubriques qui leur sont offerts et, parfois, elles préludent à la représentation qu'elles doivent donner par des jeux et des étreintes avec leur compagne de spectacle.

A la fin de ces scènes, toutes celles qui aiment la flagellation s'y livrent avec fureur, et l'orgie se termine dans un épuisement général qui, parfois, oblige les amies de Mme X... à demeurer chez elle jusqu'au lendemain, assoupies, rompues, mortes.

La jouissance de ces femmes est aussi bien de voir que d'être vues dans l'accomplissement des rites sensuels les plus bizarres.

La jouissance par la vue s'aiguise chez quelques-unes par des spectacles qui ne touchent qu'indirectement à la luxure. Ce devient alors de la manie pathologique.

Une cliente du docteur X... lui racontait que ses voluptés les plus pénétrantes lui étaient apportées par la vue d'une femme revêtue d'un tablier blanc, les manches relevées et pétrissant de la pâte, les mains enfarinées et gluantes.

Jamais elle ne se lassait de ce spectacle, pendant lequel tout son corps se couvrait de sueur froide, frissonnait, haletait jusqu'au moment où le bienheureux spasme la secouait.

Comme elle n'éprouvait point le besoin d'attouchements, ni de gestes, ni de paroles obscènes et qu'elle arrivait parfaitement à dissimuler l'orgasme qui, à un moment donné, s'emparait d'elle, cette dame satisfaisait son étrange passion sans mettre personne dans la confidence. Elle se contentait de faire faire un gâteau à sa cuisinière trois ou quatre fois par semaine et d'assister à la fabrication, sous un prétexte facile.

La bonne traitait sa patronne de maniaque, mais ne s'était jamais doutée des joies sexuelles qu'elle lui procurait en sus de la satisfaction gourmande causée par l'absorption du gâteau une fois terminé.

Une autre névropathe ne concevait rien de supérieur au bonheur de voir un homme, une femme ou un enfant uriner. Elle possédait toute

une série de photographies qui, à des gens normaux ne paraîtraient guère suggestives, mais qui
la plongeaient dans un agréable délire chaque
fois qu'elle les feuilletait.

L'on y voyait une élégante personne qui regarde autour d'elle avec inquiétude et tend la
main vers la porte d'une table de nuit. Aux tableaux suivants, elle atteint un vase, se retrousse
et se soulage dans une série de poses plus ou
moins naturelles.

Les lèvres de Mme Z..., cent fois posées sur
ces images, les avaient décolorées et gâtées.

Une pensionnaire de la maison de santé de X...
ne pouvait lire trois minutes de suite sans que,
brusquement, des mots ne lui semblassent avoir
un caractère obscène et surgir dans la phrase, en
lettres plus noires et plus grosses que celles des
mots qui les environnaient.

Interrogée par le docteur, elle lui montrait du
doigt, toute rouge, toute décontenancée, les mots
qui lui apparaissaient ainsi ; en réalité, ils
n'avaient aucun sens ou double sens passionnel
et étaient, bien entendu, en tout semblables aux
autres mots imprimés.

Elle était, d'ailleurs, incapable d'expliquer le
sens qu'elle leur attribuait ; elle *sentait* simplement qu'ils étaient obscènes et se révoltait, tout
en jouissant, de les contempler.

J'ai moi-même été témoin de ces singulières aberrations de la vue.

Je me trouvais à la campagne chez une vieille dame tout à fait respectable, mère de deux jeunes ménages très gentils.

Nous avions longuement causé ; mes connaissances psychologiques, mes récits avaient paru l'intéresser extrêmement.

Tout à coup, son visage changea, prit une étrange expression d'exaltation qui le métamorphosait. Elle me dit sans autre préambule :

— Venez avec moi... mais jurez que vous ne révélerez jamais ce que je vous aurai montré...

Je jurai, empli de stupéfaction, car, à son accent, l'on ne pouvait se tromper, non plus qu'à sa physionomie : il s'agissait de quelque chose de passionnel.

Elle me mena dans la basse-cour et me fit stationner devant plusieurs cages à lapins habitées par des individus seuls ou en famille.

— Hein, qu'en dites vous ? murmura-t-elle au bout d'un instant, comme pâmée, en contemplant un gros Jeannot qui croquait béatement une touffe de pissenlit.

Malgré moi, je murmurai :

— Mais quoi ?...

Je cherchais je ne sais quoi, quel accouplement... Mais rien, ces doux animaux se comportaient avec la plus extrême décence et, d'ailleurs,
les sexes devaient être séparés.

Mme V... me regarda un instant avec un étonnement mêlé de confusion :

— Vous ne remarquez pas ?

— Non !

— Eh bien ! mais... ce mouvement de leur museau.
Je fis :

— Ah ! oui, oui.

Comme si j'avais clairement pénétré sa pensée ;
alors, elle eut un sourire voluptueux, me serra la
main d'un geste crispé et se détourna :

— Tenez, allons-nous-en ! fit-elle subitement,
parce que cela me bouleverse... et ce n'est pas
raisonnable à mon âge.

Je n'ai jamais osé l'interroger directement, de
sorte que j'avoue n'avoir jamais compris au juste
ce qu'elle apercevait de si particulièrement voluptueux dans le museau d'un lapin se fronçant
avec l'agitation que l'on connaît.

Un docteur de province me cita le cas de sa
cuisinière qui, faisant usage d'une rôtissoire à
arrosage mécanique, ne pouvait apercevoir le jus
gras du poulet retombant goutte à goutte dans la
lèchefrite sans sentir immédiatement un indicible
prurit à son sexe.

Certaines lesbiennes ne connaissent les suprêmes joies que si leur compagne s'habille en homme et fait des gestes rappelant les gestes masculins.

D'autres arrivent au comble de l'excitation en étudiant de faux organes mâles ou des dessins anatomiques des deux sexes.

Mlle A..., une jeune fille de vingt ans, dès qu'elle était seule, crayonnait d'informes dessins qui représentaient fidèlement, pour son imagination, les organes féminins, particulièrement au moment de l'accouchement.

La vue de ses œuvres la plongeait en des extases pleines de frissons et de voluptés. Jamais les organes masculins que, du reste, elle ne connaissait que très vaguement, n'avaient tenté son imagination.

La plupart des femmes qui se livrent à la masturbation, soit avec la main, soit avec des objets quelconques, essaient de voir leur sexe et se placent, à cet effet, devant une glace, ce qui double les jouissances qu'elles goûtent par la « fricarelle ».

Un fait intéressant est à noter. Toutes ces aberrations prouvent un état de névrose quelconque chez celle qui les ressent, disposition qui parfois s'atténue avec l'âge, une hygiène résolue, ou qui dégénère en hystérie complète et en folie. Mais, lorsque la femme est en état d'aliénation, elle semble avoir perdu la faculté d'apercevoir. De même elle n'a pas conscience de ses gestes abominables, elle ne voit pas ceux des autres, ou tout au moins, ils ne s'impriment point de façon profonde en son cerveau. Tout ce que contemple la folle est imaginaire. Elle passera à côté de la réalité la plus lubrique sans la remarquer, tout au rêve passionnel qui la possède.

XXI

LES ABERRATIONS DU TOUCHER

Les jouissances voluptueuses obtenues par le toucher — soit passif, soit actif — sont très souvent liées étroitement à celles de la vue. Mais, il arrive que le tact seul apporte dans l'être les sensations cherchées par tous les individus dans l'acte d'amour.

Les femmes sensuelles, même normales, et dans un bon état de santé, jouissent d'une imagination assez puissante pour que le toucher d'objets qui n'ont pourtant aucune ressemblance avec les organes mâles leur fasse illusion.

Dans les étreintes et les caresses de lesbiennes qui ne pratiquent l'amour saphique qu'à défaut de l'amour naturel, toutes deux s'illusionnent parfois absolument et se persuadent que le contact de leurs doigts ou d'objets quelconques est celui que leur apporte la verge en pénétrant dans leur vulve.

Or, si des instruments fabriqués avec soin peuvent, jusqu'à un certain point, faire illusion, ce n'est que grâce à une aberration du tact, momentanément amenée par l'émotion passionnelle, qu'une femme peut confondre le contact d'une verge naturelle et celui d'un objet en bois, en porcelaine ou en liège..

Bien que les muqueuses de la vulve et du vagin ne soient pas douées d'un tact aussi délié que celui des doigts, elles sont, néanmoins, nettement affectées par la nature de ce qui les effleure.

C'est grâce à l'imagination, au délire luxurieux que la femme obtient l'illusion du coït avec une autre femme ou solitairement. Et ce phénomène est une aberration du sens du toucher.

Parmi les détraquées ou les aliénées, les hallucinations du toucher sont extrêmement fréquentes. Telle malade est persuadée qu'on a abusé d'elle durant l'obscurité ; elle n'a pas vu celui qui l'a violée, mais elle a senti quelqu'un l'étreindre, un membre masculin la pénétrer : elle souffre mille angoisses, elle se croit enceinte.

Il y a une dizaine d'années, un scandale éclata

dans un couvent de religieuses qui mit au jour des pratiques extrêmement curieuses et un état mental étrange chez les bonnes sœurs de cet établissement.

La supérieure était une femme de quarante ans qui n'avait jamais connu d'homme et n'apportait à ses inclinations sensuelles très violentes aucun dérivatif par la masturbation ni par l'amour saphique.

Elle avait toujours rendu à la Vierge Marie un culte ardent ; avec les années et les progrès d'une nymphomanie toute particulière, ce culte devint une sorte de folie en elle.

Après avoir adoré la Vierge, elle supposa que la divinité-femme, par bonté et faveur spéciale, consentait à s'incarner, en elle, à de rares intervalles. Durant une nuit, à la chapelle, la religieuse reçut des instructions de Marie qui lui apprenait que, chaque année à pareille date, elle concevrait et mettrait au monde le Christ, ainsi qu'elle-même l'avait fait.

A la suite de cette révélation que la supérieure n'eut rien de plus pressé que de communiquer à ses compagnes, moitié convaincues, moitié amusées, toutes fiévreusement remuées, l'on se prépara pour la fameuse cérémonie.

Ce fut, aux dates rituelles, toute la légende catholique mise en action avec un cérémonial où l'obscène se mêlait étrangement au burlesque.

Une jeune sœur, costumée en ange, vint saluer la nouvelle Marie et lui annoncer sa prochaine conception.

Et cette conception accomplie, en présence de tout le couvent, fut une scène d'érotisme et de folie inénarrable, la Vierge étendue sur un matelas dans la chapelle, entourée de cierges, ses compagnes chantant des psaumes et l'aspergeant d'eau bénite.

A un instant, la Vierge avait été saisie de convulsions et, dans un spasme suprême, avait déclaré que le Seigneur était entré en elle et l'avait fécondée.

Et durant des semaines, la grossesse fictive et divine était entourée des soins et des mille simagrées que pouvaient imaginer ces créatures plus qu'à demi-folles. Puis, l'accouchement, environné de tous les détails les plus précis, les plus répugnants, avait été simulé.

Pendant cette délivrance supposée, la supérieure, nue sur un lit, se démenait, se tordait en vagissant, tandis que ses compagnes, feignant d'aider à un accouchement laborieux, se livraient à mille attouchements et gestes obscènes.

Plusieurs, variant un peu la scène classique, s'écriaient qu'à elles aussi, un ange s'imposait, et des couples de religieuses affolées s'étrei-

gnaient, se baisaient, se masturbaient furieuse-
ment.

Ce fut l'une d'elles, non gagnée par la conta-
gion de luxure déguisée sous ces folies qui, révoltée, dénonça ces pratiques et provoqua le
scandale qui révéla au dehors ces scènes in-
croyables.

Le masochisme ou bonheur à s'humilier, à
souffrir, sorte de sadisme inverse, est une aberration du toucher accompagnant un certain état
mental.

Bien que, ainsi que nous l'avons dit, l'instinct
de la femelle et, par conséquent, de la femme
primitive et complètement normale, soit d'éprouver une jouissance à se sentir plus faible que
celui qui la vainct et la possède, le masochisme,
c'est-à-dire ce sentiment exagéré à l'extrême,
est plus souvent une perversion masculine qu'une
aberration féminine.

Le masochisme normal de la femme est plutôt
psychologique que matériel, et si beaucoup ne
détestent pas être battues, c'est plutôt parce que
la brutalité de « leur homme » les remplit de
crainte et d'admiration que parce que leur chair
est contentée par la douleur des coups.

Cependant, il est des femmes qui, dans l'amour
lesbien, se complaisent dans un rôle humiliant
et douloureux.

Non contentes de lécher les parties sexuelles de leur amante, elles boivent avec délices son urine, sa sueur, adorent ses brutalités et ses sévices.

D'autres, encore, adorent la souffrance pour elle-même et se font fouetter avec des verges, des martinets, jusqu'à des orties. Bien que le goût de la flagellation soit plutôt une perversion masculine, il est des femmes qui ne savourent le coït naturel ou factice que lorsqu'il est précédé d'une fessée plus ou moins sérieuse.

Mme V... était venue, comme beaucoup de femmes, à l'amour saphique, moins par goût de la femme de préférence à l'homme, que par suite de sa honte à avouer ses désirs à un homme.

Toute sa vie, elle avait rêvé d'être non seulement violentée par une main brutale, mais fouettée avec des verges sur la vulve. Jamais elle n'eut l'audace de laisser soupçonner son souhait à son mari. Elle se confia à une amie qui lui rendit ce service d'abord par complaisance, puis avec une joie intense, ce procédé ayant fait lever en elle une tendance au sadisme qu'elle satisfaisait en comblant sa compagne de bonheur.

Les religieuses s'appliquant la discipline, se condamnant à mille petites tortures, font du masochisme cérébral qui, très souvent, devient matériel, car il est patent que, durant les extases, les délires religieux, le sexe des « saintes » est en pleine ébullition et donne lieu à tous les phénomènes passionnels.

Le masochisme peut prendre une forme excessive et ne pas se contenter de fessées sans grande cruauté.

Les docteurs qui voient de près les bizarreries humaines ont, dans leurs notes, maintes histoires où l'on voit des créatures poussées par cette passion jusqu'à se martyriser véritablement.

Nous avons sous les yeux le dossier d'une veuve qui, tous les soirs, se masturbait devant le portrait de son mari et, n'arrivant pas à déterminer l'orgasme et s'accusant de froideur, d'infidélité au cher mort, se condamnait à mille tortures. Entre autres choses, elle faisait rougir un fer à friser et se le posait sur le ventre. Au bout d'un certain temps, les cicatrices se touchaient et ne se guérissaient plus. Il fallut recourir au médecin et avouer l'étrange plaisir que l'on recherchait.

Il n'est pas rare que dans l'amour saphique, entre hermaphrodites ou femmes-mâles et femelles, il soit fait usage de verges postiches d'une grosseur démesurée ou pourvues d'appendices destinés à froisser, à meurtrir ou à déchirer le sexe dans lequel ils pénètrent pour l'égal plaisir du bourreau et de la patiente.

Les objets les plus hétéroclites et pouvant blesser gravement sont parfois employés.

Il n'est pas rare qu'un médecin doive intervenir pour extraire du vagin ou de la matrice des éclats de verre, des débris d'objets que l'amante ou la masturbatrice ont brisé dans leur fureur passionnelle aveugle.

Mme M..., une lesbienne ardente, exigeait que ses amantes la mordissent jusqu'au sang aux lèvres, aux seins, au sexe.

Une autre adorait que sa compagne frictionnât son clitoris et sa vulve à l'aide d'une brosse en crin très dur.

Et, ce qui prouve l'état cérébral absolument morbide de ces femmes qui, à l'extérieur conservent l'apparence de l'équilibre mental, c'est l'espèce d'inconscience morale avec laquelle elles accomplissent les actes les plus ridicules, les plus grotesques et les plus révoltants. En face d'êtres normaux, elles rougiraient ; mais du moment qu'elles ont trouvé une complice, vis-à-vis de celle-ci et d'elles-mêmes, elles deviennent d'une impudeur et d'une amoralité absolues.

Jamais une invertie, une masochiste, une sadique n'a l'idée de penser qu'elle est anormale ni ne songe à s'effrayer de ses impulsions, de ses délires.

XXII

LES ARTIFICES DE LA VOLUPTÉ LESBIENNE
LE SAPHISME CURABLE PAR L'HYGIÈNE

Nous avons cité, dans les pages précédentes, cette dame qui possédait un membre viril postiche pourvu de tous les artifices pouvant aider à l'illusion d'une possession réelle et complète ; mais il ne faudrait pas croire qu'elle fût unique.

Fort nombreuses sont les lesbiennes qùi usent de toutes sortes de « trucs » pour acquérir la persuasion de se livrer à l'amour viril sans, pour cela, recourir à un homme et encourir tous les dangers et les inconvénients moraux et matériels qu'entraîne, pour une femme, une liaison éphémère ou durable avec un homme.

Il faut, en effet, distinguer parmi les lesbiennes celles qui ont horreur de l'homme et de la possession masculine, que, seules, charment des caresses féminines et des attouchements de la main et de la langue ; puis, celles qui se persuadent être hommes elles-mêmes ou recherchent, tour à tour, les sensations du mâle et de la femelle ; et enfin, les femmes qui, dans leurs liaisons féminines, ne songent qu'à se donner l'illusion d'un amour avec un homme.

Il est des femmes qui ne goûtent la volupté que si leurs mains pressent un objet qui leur rappelle le membre viril ; d'autres qui veulent recevoir cet objet dans leur bouche, tandis que leur amie caresse leur sexe de sa langue.

Une voluptueuse que nous nommerons Alice R..., exigeait de ses amantes des possessions factices à l'aide d'objets introduits simultanément dans le vagin et dans l'anus, tandis que la langue irritait le clitoris.

Mlle C... activait ses sensations en priant ses amies d'emplir leur bouche de cognac qu'elles projetaient ensuite dans le vagin, avant de sucer les abords de la vulve et le clitoris. L'alcool causait aux muqueuses une sensation de brûlure qui doublait les jouissances de la jeune personne.

Beaucoup de femmes usent de cet expédient en imbibant leur doigt d'eau de Cologne ou de divers parfums à base d'alcool très fort.

Quelques-unes s'introduisent dans le vagin des objets saupoudrés de poivre.

La pharmacie fournit une foule de produits astringents ou irritants qui excitent les muqueuses paresseuses et rendent l'orgasme particulièrement voluptueux.

L'amour de deux jeunes Belges était mêlé de sodomie lorsque, enlacées, leurs mains pétrissant le sein de l'autre, leurs bouches jointes, elles livraient leur sexe à la langue avide d'un chien familier.

Toutes ces dépravations sont produites par des lésions mentales héréditaires ou accidentelles. Quelques-unes sont curables, à l'aide de l'hygiène physique et mentale.

Le docteur X... dont nous avons souvent cité les notes durant le cours de cet ouvrage obtint de nombreuses guérisons et affirmait que la plupart des lesbiennes les plus aberrées seraient guérissables si le traitement curatif pouvait leur être appliqué rigoureusement.

Les principes essentiels de son procédé étaient la séparation des complices, la distraction, l'occupation morale et physique du sujet, le changement brusque et complet de son existence.

XXIII

LES IMPRUDENCES LESBIENNES
LES MALADIES SAPHIQUES

Brantome a conté l'histoire de cette malheureuse « honneste dame », trop lubrique et qui exigeait que l'on maniât si brutalement le membre postiche dans sa matrice, que celle-ci fut perforée.

Des lésions graves peuvent résulter des coups, des blessures causées dans le vagin par des organes virils factices.

Des métrites, difficiles à guérir, n'ont pas d'autre cause que ces fausses amours.

La lesbienne doit également se méfier de la fatigue nerveuse qu'apportent, en elle, des vibrations trop prolongées, des voluptés trop répétées et trop fréquentes qui peuvent finir par provoquer, en elle, un détraquement cérébral complet et incurable.

Du reste, nous pensons, avec plusieurs savants sincères, que, par préoccupation morale, et pour détourner des amours anormales, l'on exagère beaucoup les dangers matériels que présentent aussi bien la masturbation que l'amour saphique et, en général, tous les amours anormaux.

La vérité est que, pour la femme qui, dans l'acte d'amour, n'a aucune déperdition vitale, semblable à celle du sperme de l'homme, l'amour lesbien ou la masturbation n'ont d'inconvénients physiques absolus que si le besoin de ces joies tourne à la manie et devient excessif et perpétuel.

Or, on peut être assuré de ceci, qu'il n'y a que les tempéraments déjà malades qui se laissent gagner par le besoin désordonné de la jouissance sexuelle.

La femme bien équilibrée ne ressentira que la somme de désirs qui ne peut pas lui être nuisible, et, dès qu'elle touchera à l'excès, un dégoût lui viendra naturellement qui l'en détournera.

L'excitation des parties sexuelles est évidemment pernicieuse pour la femme au moment de ses règles. Mais la femme en bonne santé n'éprouvera aucun désir sexuel au moment où l'irritation sanguine hypertrophie les muqueuses de la matrice et les rend plutôt douloureuses. Lorsque celles-ci redeviennent sensibles à l'excitation sensuelle le danger que provoquerait la masturbation a disparu.

Au contraire, les femmes imparfaitement ou irrégulièrement réglées, éprouvent des besoins sexuels à toutes dates et la masturbation en pleine congestion sanguine peut amener des pertes, une irritation chronique de la matrice.

Les femmes atteintes de « pâles couleurs » dont les écoulements corrosifs exacerbent les muqueuses, sont sujettes à des besoins déréglés et funestes.

Nous pourrions multiplier les exemples en montrant les faibles d'esprit que la manie de la masturbation conduit vivement au tombeau, mais partout, nous nous convaincrons qu'il ne faut pas prendre l'effet pour la cause.

Les excès saphiques ou solitaires n'amènent point le dérangement de la santé; ils sont causés par ce mauvais équilibre préalable.

En un mot, il faudrait se convaincre de ceci que le désir d'une jouissance anti-naturelle ne naît point chez la créature dont l'hygiène est rigoureuse et le bon état de santé parfait.

Que la mère veille avec vigilance sur la personne physique et mentale de sa fille, qu'elle sache l'entretenir dans un juste équilibre d'occupations variées, agréables, intéressantes, de saine fatigue corporelle, sans excès aucun et elle écartera d'elle les désirs et les éveils malsains.

Les maladies vénériennes sont aussi bien des maladies saphiques que résultant de relations naturelles.

Il suffit qu'une lesbienne ait des rapports avec une malade pour contaminer, à son tour, ses amies, soit par sa bouche, soit par sa vulve livrée aux lèvres de sa compagne ou simplement par le contact de leurs doigts promenés de l'une à l'autre.

XXIV

COMMENT L'HOMME ENVISAGE LE SAPHISME

Le moraliste qui s'en tient aux principes courants, aux opinions toutes faites et aux phrases clichées qui se passent de bouche en bouche sans que l'esprit de chacun les examine et les contrôle, réprouve et stigmatise l'amour saphique sans chercher à en établir les causes physiologiques et pathologiques.

L'un de ses arguments est que les lesbiennes accomplissent un acte anormal et qui paraît attentatoire à l'avenir de l'humanité. Mais, son tort est de ne point chercher dans le domaine scientifique les moyens curatifs et de se tromper sur l'influence du saphismne sur les mœurs.

Volontiers l'on suppose que la femme, apprenant à se passer de l'homme pour satisfaire ses besoins passionnels, se refusera progressivement au mariage, à la cohabitation conjugale et à l'enfantement, cette épreuve si terrible pour elle.

Si tel était le résultat des amours saphiques passées dans les mœurs, il est évident que la race humaine s'éteindrait promptement.

Le raisonnement paraît assez probant ; néanmoins, nous croyons qu'il est profondément erroné. Le saphisme ne peut pas satisfaire la femme en bon état de santé physique et moral. Au cœur et au corps de la femme même un peu névrosée, il demeurera toujours un instinct qui la fera rechercher de préférence le mâle, et désirer l'enfant, au moins quelquefois dans sa vie, sinon perpétuellement.

Il nous paraît évident que le desiderata social serait que les préoccupations intellectuelles amortissent en l'être humain les besoins sexuels, le délivrassent de l'obsession passionnelle qui le tient enchaîné actuellement et que, hommes et femmes soient chastes sans effort durant la plus grande partie de leur existence.

Nous sommes persuadés qu'un avenir lointain apportera en l'homme la modification de son être, et que l'amour cessera de prendre dans la vie humaine la place disproportionnée qu'il occupe maintenant. Mais nous ne sommes pas encore parvenus à cette époque, et nous croyons que le philosophe à idées larges et éclairées peut, à l'heure présente, classer les amours anormales comme étant souvent moins dangereuses, moins fertiles en conséquences désastreuses que les amours normales entre hommes et femmes.

A côté du moraliste qui blâme le saphisme par un sentiment sincère et des plus respectables, il y a l'hypocrite qui, au fond, serait enchanté de participer à ces fêtes de la chair ou, tout au moins, de goûter d'âcres joies à les contempler, mais que son décorum retient et qui croit devoir stigmatiser violemment ce vice.

Il y a aussi l'homme sincèrement révolté dans sa chair, dans son orgueil, que la femme le dédaigne et l'écarte pour goûter, seule ou auprès de ses pareilles, les joies qu'il croit détenir uniquement.

Ceux qui se montrent indifférents sont parfois des impuissants et, souvent, des blasés, pour qui morale et vanité ne sont plus que des mots creux, incapables de faibre vibrer quoi que ce soit, en leur scepticisme.

Les indulgents sont ceux qui s'accommodent, pour leurs passions, de l'amour saphique, y participent et en tirent des sensations neuves et aiguisées.

11.

Dans l'amour vénal, le spectacle du baiser saphique est fréquemment réclamé par l'homme afin de l'exciter à la possession et, bien souvent, il lui suffit pour se contenter passionnellement.

Le vice de l'homme est certainement ce qui a le plus entretenu le saphisme, en l'encourageant.

Même dans les ménages légitimes, il n'est pas exceptionnel de rencontrer des maris qui autorisent chez leur femme l'amour lesbien, pourvu qu'ils soient témoins ou acteurs dans les scènes amoureuses qu'elles recherchent.

L'homme qui, dans le mariage, se conduit ainsi est, à la fois, un cynique et un vaniteux.

Il tient peu au respect de la société qui l'entoure ; il est, en réalité, intimement persuadé que les jouissances artificielles que goûtent ses compagnes sont inférieures à celles qu'il peut leur procurer.

En général, c'est l'opinion de l'homme que la femme, dans l'amour saphique, ne trouve que des joies inférieures et incomplètes tout à fait impossibles à comparer à celles qu'elles rencontrent auprès d'un homme.

Ils ont à la fois raison et tort.

Au point de vue matériel pur, la jouissance apportée aux organes féminins par le moyen des lèvres, des doigts ou d'un objet quelconque est la même que celle que produirait le membre viril. Et même, souvent, la femme n'ayant aucune crainte de grossesse, nullement retenue par une pudeur, une timidité, se laisse aller à un plaisir plus franc en compagnie d'une autre femme que vis-à-vis d'un homme.

Cependant, au point de vue imaginatif, mises à part les inverties et quelques lesbiennes sentimentales qui ont sincèrement horreur de l'homme, la femme préfère l'amour intellectuel, la cour et l'attention de l'homme.

En somme, dans l'amour lesbien, la femme sensuelle trouve un plaisir matériel, mais ne peut guère contenter ses désirs de coquetterie, de vanité féminine, car elle ne saurait demander à sa pareille l'admiration, l'étonnement qu'elle cause à l'homme.

Rien que le fait de la différence des sexes, de la structure du corps donne à l'homme auprès de la femme une curiosité, une émotion qui ne saurait exister chez l'amant féminin.

De même, cette incompréhension intellectuelle des sexes qu'entretient et approfondit l'éducation séparée, donne à l'amour naturel une illusion, un mystère qui ne saurait exister entre deux femmes qui s'aperçoivent sans aucun voile possible.

Or, en amour, il faut bien reconnaître que l'attrait de l'inconnu est le principal; une fois percé le mystère de l'amante ou de l'amant, survient soit une bonne et tiède amitié lorsque les caractères se conviennent, soit une animosité, un agacement, une répulsion lorsque déplaisent les particularités qui, peu à peu, se sont précisées dans l'individu et l'ont fait apparaître en silhouette nette devant l'autre.

C'est le charme de l'inconnu qui jette les amants dans les bras l'un de l'autre; c'est la connaissance précise de l'être que l'on a aimé qui amène la satiété et le dégoût.

Plus l'illusion est vive, plus l'amour et le désir sont passionnés.

Dans l'amour lesbien, l'illusion et l'inconnu de l'amante sont fortement atténués par le fait de la similitude des sexes, des éducations, des tendances et des sensations sexuelles.

Par conséquent, au point de vue intellectuel, l'amour saphique ne peut être qu'inférieur à l'amour entre sexes différents.

Il faut naturellement mettre à part certaines créatures mal douées au point de vue de la beauté, ayant un caractère très masculin, n'ayant jamais, pour ainsi dire, été traitées en femmes, et qui sont pourvues de la faculté de s'émouvoir à l'égal des hommes pour les charmes féminins et pour qui l'âme des éternellement femmes est complètement étrangère. Celles-ci aiment cérébralement avec toute l'ardeur d'un homme celles qu'elles élisent leurs maîtresses.

Mais elles sont l'exception; et leur amour ne saurait alors pleinement contenter leur maîtresse, car, si celle-ci trouve chez elles passion et ardeur, elles ne peuvent éprouver elles-mêmes aucune admiration, aucun désir envers l'être plus ou moins laid et disgracié qui les étreint et les caresse.

Avec un amant féminin, la femme connaîtra la plupart du temps des jouissances matérielles supérieures à celles que lui donnerait un amant ou un mari; mais si son appétit sexuel est satisfait, sa cérébralité est privée d'une foule de bonheurs qu'elle ne rencontre qu'en face d'un homme, qui comble sa vanité avec l'adulation et l'admiration qu'il met à ses pieds.

Énormément de femmes sont plus sensibles aux jouissances cérébrales que leur apporte la certitude d'être passionnément admirées qu'à celles de la chair proprement dites; c'est ce qui leur permet de supporter et d'aimer des hommes qui, charnellement, ne leur procurent aucune joie.

XXV

LA PARTICIPATION DE L'HOMME
DANS LE SAPHISME

L'homme peut, devant le saphisme toléré ou recherché comme excitant aux joies passionnelles ordinaires, jouer un rôle tout passif ou tour à tour passif et actif : c'est ce dernier que le plus souvent il préfère et demande dans l'amour vénal.

Certains « voyeurs » se contentent du spectacle que leur offre deux lesbiennes se caressant et peuvent ressentir l'orgasme vénérien même sans coït ni attouchement d'aucune sorte.

D'autres, demeurent par goût ou nécessité à l'écart des lesbiennes en scène et se masturbent pour goûter les joies suprêmes.

Il en est qui sont au comble de la satisfaction quand il leur est permis de flageller les actrices de la liaison saphique ; d'autres goûtent des délices inouïes, au contraire, à être flagellés à l'instant où les amantes savourent leurs joies lesbiennes.

Chez le plus grand nombre, la vue de l'amour saphique n'est agréable que s'il est un prélude excitant et que, à un moment donné, le voyeur se satisfait sur l'une ou les deux actrices ou encore se fait masturber par elles par la main ou les lèvres.

Sous le second Empire, tous les familiers de la cour connaissaient les préférences passionnelles du comte P... qui délaissait sa femme pour des impures dociles à ses fantaisies.

Il aimait, à la fin d'un souper plantureux, voir deux femmes en toilette de bal élégante et correcte se donner des baisers, s'enlacer ; puis, se mettre nues.

Alors, la verge du comte se trouvant en état d'érection par suite du spectacle contemplé, il s'étendait sur le dos, et faisait se coucher sur lui, également sur le dos, l'une des deux femmes, en l'anus de laquelle il introduisait son membre. Pendant ce temps, l'autre femme commençait à titiller et à baiser le clitoris, la vulve de son amie, et celle-ci avait la recommandation de se laisser aller à tous les soubresauts, tressaillements, convulsions que provoqueraient en elle les affres délicieuses du plaisir. — Au besoin, elle les simulait. Et le bonheur du comte P... était au comble de se satisfaire, tandis que celle qu'il possédait postérieurement jouissait d'un ultime plaisir procuré par une autre. Il avait, disait-il, la sensation cérébrale qu'il participait au plaisir des deux femmes et les pénétrait également. La fin de ce névrosé fut brusque et tragique. Ses abus l'ayant rendu impuissant, il se suicida, un soir que même ses recherches vicieuses ne pouvaient plus amener en lui l'orgasme désiré.

Nombre de prostituées, en offrant le spectacle de l'amour lesbien à leurs clients, arrivent souvent à esquiver la tâche la plus pénible de leur besogne.

Quelquefois l'imagination dépravée du voyeur exige que l'amour saphique soit compliqué d'une sorte de violence, réelle ou feinte, ou d'un inceste.

Une femme, d'origine belge, qui, en apparence, menait une vie fort décente, se faisait de bons revenus avec une clientèle de vieux paillards ravis de sa discrétion et qui payaient largement le spectacle qu'elle leur procurait en se faisant masturber par sa petite fille de huit ans, ou en masturbant celle-ci qu'elle avait dressée à simuler une excessive joie passionnelle sous ses attouchements.

Nous avons été à même d'observer de près deux ménages bourgeois qui, dans le monde, conservaient une réputation de correction extrême. Or, leurs relations amicales étroites se doublaient d'étrange complicité dans la recherche des joies passionnelles.

Échange des femmes ; amour saphique consenti de celles-ci étaient chose admise ; mais la grande fête constituait pour ces messieurs, lorsque les dames étaient amoureusement enlacées et en pleine jouissance sensuelle, à les posséder simultanément, en se plaçant derrière leur dos.

XXVI

LES LESBIENNES SENTIMENTALES

Il est un très grand nombre de femmes éprouvées par la vie, par l'amour des hommes, qui vouent à une amie un amour exalté, lequel revêt tous les caractères de la passion sans pourtant que jamais intervienne entre elles le sexe et les joies passionnelles.

Ces lesbiennes pures s'en tiennent aux baisers, aux enlacements où la pudeur est toujours respectée et leur amour plutôt intellectuel se contente de jouissances sentimentales.

Cette pureté de relations n'exclut pas chez celles qui le pratiquent la pire des jalousies. Un avocat eut à défendre un jour une femme galante qui, dans un accès de jalousie féroce, avait poignardé une amie parce que celle-ci s'était abandonnée à un amant de cœur.

Or, aucune relation intime n'existait entre ces deux femmes ; elles avaient leur sexe en dégoût ; la caresse trop pratiquée les lassait et les répugnait ; leur liaison était toute spirituelle. Elle n'excluait pourtant point le désir de la fidélité corporelle chez l'autre.

Mlle C... admettait volontiers les corvées d'amour de son amie auprès d'hommes qui la payaient : ceci était un devoir professionnel. Mais elle se révoltait à l'idée que l'autre se donnerait par plaisir à un homme ou à une femme.

Beaucoup de femmes galantes, excédées de leur vie, meurtries par la brutalité physique et morale de leurs clients et de leurs amants de cœur accourent à l'amour lesbien comme à une purification, une idéalisation du mystère passionnel.

L'amante est une amie, une confidente ; celle avec qui l'on pleure, pour qui l'on se dévoue avec exaltation, que l'on admire, que l'on adore passionnément.

Trop habituées au geste passionnel, tout amour implique pour elles la joie physique ; elles cherchent naturellement le spasme chez leur amante ou provoqué en elles par celle-ci ; pourtant la sensualité n'est pas le but de leur liaison, elle en devient simplement la conséquence.

Il nous a été donné de voir se dérouler la vie vraiment lamentable d'une pauvre créature qui méritait mieux que l'existence cruelle qui fut la sienne.

Née à la campagne, chez des parents pauvres et grossiers, elle fut mariée très jeune à un homme âgé, libidineux et brutal qui la tortura littéralement au moral et au physique jusqu'au moment où, affolée, à bout de résignation, elle s'enfuit.

Douée de beaucoup d'imagination, naturellement très supérieure à sa situation, elle avait beaucoup lu de romans grapillés çà et là ; elle rêvait à l'amour, mais à un amour idéal, délicat, passionné, dévoué, dénué de la brutalité que seule elle avait connue. Elle vint à Paris, essaya de trouver du travail, et comme elle était jolie, bien que frêle, elle ne rencontra qu'un amant. Elle le prit à contre-cœur, quoique celui-ci fût à cent lieues de la cruauté de son mari. Désireuse de s'affranchir du joug, elle entra dans un hippodrome où, gagnant sa vie chichement, péniblement, au prix d'un travail fatigant et dangereux, elle put se passer d'amant. L'homme l'effrayait, lui répugnait ; un baiser, le désir lu en des yeux enflammés, lui causait des transes. Et cependant, au fond de son cœur, elle souhaitait toujours ardemment l'amour sentimental célébré par les romans dont elle se bourrait sans trêve.

Il advint que, durant un exercice de chars antiques, elle fut blessée grièvement. La seule personne qui vint la voir à l'hôpital, la secourut, s'occupa d'elle, fut une femme, une écuyère de haute école fort belle, à qui elle avait fait pitié.

Remise, rentrée à l'hippodrome, Eugénie B... voua une affection exaltée à sa protectrice qui lui apparaissait plus belle, plus troublante, plus imposante qu'une reine. Celle-ci s'amusa à ce rôle de souveraine; puis, lesbienne, exigea des preuves de l'amour d'Eugénie que celle-ci accorda, docile, mais sans éprouver autre chose qu'une passion sentimentale envers l'écuyère.

Celle-ci se lassa promptement de son amante au cœur brûlant et à la chair froide. Elle la congédia avec quelque dureté, et cependant en prenant soin par de bons conseils de faciliter la vie de la pauvre petite. Pour suivre ses avis, Eugénie apprit à retoucher des photographies et à faire cette broderie de paillettes sur tulle, que l'on nomme de la broderie de Lunéville. Ces aptitudes lui assuraient le pain. Mais c'était au prix d'un travail assidu et très fatigant. Le chagrin de la séparation avec l'écuyère aidant, Eugénie tomba malade, et ensuite, sans ressources, incapable de se remettre à l'ouvrage, il lui fallut encore recourir pour vivre à l'amour vénal. Ce fut une suite de liaisons sans durée, de passades, d'apprentissage effrayant des toquades masculines, dans laquelle elle acheva de prendre l'homme dans une horreur effrayée, un dégoût insurmontable.

En même temps, sa chair s'était enfin éveillée, et elle la contentait avec des amies, des camarades, par rancune de l'homme, auquel elle accordait son corps et le simulacre de son spasme, sans plus.

Mais, ces étreintes purement matérielles ne pouvaient la contenter. Elle s'éprit sentimentalement d'une femme, auteur de romans qui lui avaient plu, et désormais le but de toute son existence fut de se rapprocher de cette femme, de songer à elle, de tâcher de l'intéresser à cet amour qu'elle lui vouait.

Malheureusement pour Eugénie, cette femmeauteur répugnait absolument aux amours saphiques ; elle eut pitié de la pauvre énamourée, mais dut l'écarter de sa voie. Et durant des années, le martyre sentimental d'Eugénie fut vraiment indicible.

Cela et sa vie misérable, ses fatigues sexuelles, son travail épuisant, eurent raison de sa faible santé ; elle s'éteignit dans un hôpital, âgée de vingt-neuf à trente ans. Elle fut vraiment un type accompli de l'amour lesbien sentimental.

Au contraire de la lesbienne sensuelle qui peut goûter autant ou même plus l'amour masculin, la lesbienne sentimentale a horreur et effroi de l'homme.

Tout la choque, tout lui fait peur de son adversaire masculin. Elle adore la douceur, la pitié, la tendresse féminines, et se délecte en des caresses puériles, des étreintes jolies, des contacts de peau fraîche et douce, agréablement parfumée. La voix claire de son amante lui est une joie.

Elle oppose à tous ces charmes féminins l'éclat dur du rire et de la voix de l'homme, sa peau rude et velue, sa barbe aux senteurs de fauve, ses gestes brusques et la brutalité de son étreinte. La verge masculine la remplit de terreur, le sperme la dégoûte; le coït lui est aussi douloureux physiquement dans sa chair glacée que pénible pour son âme révoltée.

Elle adore la femme de toute sa haine de l'homme.

La lesbienne sentimentale est ordinairement une femme galante, mais qui a été entraînée dans la prostitution par les circonstances plutôt que par sa volonté ou son tempérament. Les nécessités de son existence lui deviennent promptement répugnantes et le client lui paraît l'ennemi et le bourreau.

Dans la classe bourgeoise, la lesbienne sentimentale est plus rare. Les adeptes du saphisme
sont plus fréquemment des sensuelles que ne
contente pas l'amour de leur mari ou qu'effraie
la liaison extra-conjugale, ou alors des inverties
que tente la féminité.

Cependant, il est indéniable que certaines
femmes déçues, aux illusions déflorées par les
réalités conjugales, sont entraînées vers l'amour
lesbien par leur persuasion d'y rencontrer une
tendresse qu'on leur refuse, des douceurs dans
l'étreinte que ne sauraient leur procurer l'enlacement de l'homme et son amour égoïste et despotique.

Nous ne croyons pas que la femme soit organisée
autrement que l'homme pour l'amour, au point de
vue intellectuel ; mais, en outre que chaque individu a son tempérament spécial, l'éducation influe indéniablement sur elle comme sur l'homme.

Dans notre société actuelle, la jeune fille bourgeoise est élevée uniquement dans le but du
mariage et pour être la compagne effacée de
l'homme ; on ne lui donne, on ne lui permet
aucune préoccupation intellectuelle prédominante ; elle n'a aucun puissant dérivatif pour sa
pensée qui demeure éternellement tournée vers
l'amour, puisque ce sera sa seule fonction, avec
ses dérivés de maternité.

Comme, en même temps on s'efforce de la maintenir chaste, si le tempérament sensuel ne s'impose pas en elle, on arrive à créer dans la jeune fille un être hybride bizarre qui, à la fois, rêve perpétuellement d'amour, et s'effraie des réalités de celui-ci.

Ne sachant rien des vérités de la vie, ne pouvant pas comprendre que l'homme, délivré de la perpétuelle obsession intellectuelle de l'amour par les préoccupations de sa profession, ne lui accorde que ses élans charnels, elle rêve d'un amour impossible.

Si son mari est suffisamment doux, qu'il sache ne pas briser en elle brutalement ses illusions, elle se résigne à une vie sentimentale tout autre que celle qu'elle a rêvée et reporte sur ses enfants toute son exaltation. Si, au contraire, le mari est maladroit et brutal, la femme profondément ulcérée est conduite au besoin de trouver une compensation en dehors de son ménage.

Elle va alors vers l'amant si elle conserve des illusions sur l'homme ; elle se tourne vers la femme si celles-ci sont irrémédiablement écroulées en elle.

Les philosophes, les sociologues, les psychologues se plaisent à déclarer communément que non seulement les sensations et les sentiments de la femme en amour sont différents de ceux de l'homme, mais que c'est par suite de l'instinct qu'en général l'amour influe beaucoup plus sur sa vie mentale que chez l'homme.

Chez l'homme, nous dit-on, l'appétit sexuel se sépare beaucoup plus facilement que chez la femme du reste des instincts et de la vie intellectuelle en général.

Le fait est habituellement vrai ; mais, selon nous, la cause en est, non pas à la conformation cérébrale de la femme et à ses instincts naturels, mais dans l'éducation qui lui est donnée, la place sociale qui lui est dévolue et le pli imprimé à ses idées.

Si la femme, sortant de la vie chaste, tombe dans des désordres pires que ceux de l'homme — ce fait mérite d'ailleurs de ne pas être accepté aveuglément — cela tend à ce que la société ne lui accorde qu'une vie passionnelle, dans le mariage aussi bien que hors du mariage. Au lieu que chez l'homme ses désirs passionnels soient contrebalancés par l'intérêt qu'il éprouve pour sa profession, ses ambitions, etc., la femme ne peut se rattacher à rien qui la sauve de l'empire passionnel. Si celui-ci la gagne, elle en est la victime sans défense.

Dans les pensionnats de jeunes filles, particulièrement les couvents, les amitiés exaltées sont extrêmement fréquentes, non seulement entre les pensionnaires, mais entre celles-ci et les reli-gieuses.

Ce serait tomber dans l'exagération que de prétendre que toutes sont des lesbiennes ; mais il ne faut point non plus fermer les yeux et décla-rer que le vice saphique ne fleurit pas dans ces temples de chasteté mis sous l'invocation de la Sainte-Vierge.

Ce que l'on remarque le plus souvent, c'est l'onanisme, une tendresse sentimentale passa-blement factice et d'autant plus exhubérante entre les fillettes — tendresse qui se contente ordi-nairement de baisers sur la figure, dans le cou, de pressions de mains, de paroles et de billets enflammés, d'adorations passionnées pour telle religieuse jeune et jolie ; et, enfin, quelques cas de véritable amour saphique. En général, lors-que celui-ci est pratiqué entre pensionnaires, l'une d'elle, l'initiatrice, a été initiée, à son heure, par quelque servante ou une religieuse, et son esprit s'est exalté en lisant des livres pornogra-phiques. Le saphisme, il faut se le dire, n'est pas spontané, au contraire de l'onanisme qui est un vice naturel et, pour ainsi dire, machinal.

Ce qui est le plus fréquent, c'est le saphisme entre maîtresse et élèves. Il prend deux formes : celle, violente, exaspérée, bestiale, qui va jus-qu'au sadisme et que nous étudierons dans le chapitre suivant ; celle d'une sentimentalité aiguë où les caresses sont accompagnées d'un délire de tendresse et de l'éclosion d'un foule de sentiments exaltés, plus ou moins sincères.

Il est un fait que l'on ne saurait nier ; chez la femme comme chez l'homme, le besoin de l'amour physique est d'autant plus impérieux que le corps se fatigue moins en des exercices matériels ; le besoin de l'amour sentimental est d'autant plus despotique que l'imagination est plus vide et plus inoccupée.

Les sports accomplis avec intelligence et sans excès éteignent les désirs chez les deux sexes ; les occupations intellectuelles suppriment les hantises sentimentales.

Dans les couvents, l'exercice physique est presque nul ; l'activité cérébrale ne reçoit aucun élément pour l'entretenir et la satisfaire. De plus, la religiosité pousse les jeunes filles dans une voie d'exaltation qui ne saurait se satisfaire — à moins qu'elle n'aille jusqu'à l'hystérie religieuse — dans le domaine religieux. Toute cette excitation trouve un dérivatif dans les amitiés passionnées qui, parfois, vont jusqu'aux relations physiques.

Selon les tempéraments, ces amours peuvent être très sérieuses, très profondes et touchantes, ou superficielles, puériles, factices.

Certaines femmes épuisent toute leur faculté de tendresse dans ces amitiés féminines, ont des trouvailles d'ingéniosité sentimentale, et, plus tard, n'éprouvent plus pour l'homme qu'elles aiment qu'un sentiment affaibli et banal, en comparaison de leur juvénile enthousiasme pour quelque compagne du premier âge.

12.

XXVII

LE SAPHISME SADIQUE

Le sadisme, c'est le besoin de la cruauté dans les actes d'amour ; ou même, parfois, la cruauté unique devenue une sensation voluptueuse et remplaçant l'acte passionnel.

Ce vice archi-millénaire a emprunté son nom au marquis de Sade qui, au dix-huitième siècle, se rendit célèbre par ses aventures et ses récits de galanterie féroce.

Le sadisme provient de causes différentes, l'une est naturelle, c'est l'instinct particulier au mâle qui désire la femelle avec violence et s'excite de sa résistance, s'affole de son propre triomphe, jouit d'une brutalité sexuelle qui lui soumet sa victime. L'autre raison est pathologique, et la joie de faire souffrir autrui est plus une hantise, une obsession pareille à n'importe quelle autre monomanie qu'une forme de sensualité proprement dite.

Le sadisme possède une échelle où tous les degrés existent, depuis le plaisir de torturer mentalement, le besoin de pincer, d'égratigner, de mordre aux moments érotiques, jusqu'à la volupté de la torture et de l'assassinat.

Dans l'histoire humaine, les crimes sadiques sont fréquents : ce sont plutôt des hommes qui les commettent ; mais il ne faudrait pas conclure de ce fait que le sadisme est un vice non féminin.

La femme, très femme, très douce, très caressante et faible en est ordinairement exempte ; mais la femme-hermaphrodite et la femme-mâle y sont fort sujettes.

Il est vrai qu'il est rare que, chez elles, le sadisme les pousse au meurtre, aux boucheries de Jack l'éventreur, de Vacher, de Papavoine, etc. ; mais, pour différer de forme, leurs crimes sadiques peuvent être tout aussi excessifs et, peut-être même, plus épouvantables.

Le martyre, si fréquent, d'enfants par leur mère ou leur belle-mère est toujours un crime sadique, même s'il n'est pas accompagné d'actes voluptueux apparents.

Et, fort souvent, c'est parce que leur exécution est impossible à une femme que ces mégères n'exécutent pas tout ce que leur cerveau leur suggère. La preuve en est dans les actes d'abominable cruauté dont se rendirent coupables nombre de souveraines : les assassinats d'amants de Christine de Suède ; les tortures d'esclaves auxquelles se complaisait Messaline ; les empoisonnements qui faisaient les délices de Cléopâtre ; les tortures iniques, spectacle habituel de la reine de Saba. Et, plus récemment, les joies que goûtaient les grandes dames du douzième et treizième siècle à faire fouetter au sang devant elles leurs servantes.

Très souvent, le sadisme féminin se contente en imagination, ou par des actes qu'aggrave ou qu'enjolive l'imagination.

Alors que l'appétit sadique de l'homme peut se satisfaire assez facilement sur les malheureuses prostituées qu'il se procure, dociles et soumises à ses fantaisies ou incapables de se soustraire à ses cruautés, la femme n'a que peu de moyens de mettre à exécution ses rêves.

Elle n'a que la ressource de se contenter en usant de moyens moraux, ou alors en s'attaquant à des enfants.

Le sadisme féminin a donc, non par goût, mais par nécessité, particulièrement l'enfant pour victime.

Nous en citerons plusieurs exemples qui nous ont été fournis soit par des constatations médicales, soit par des procès criminels.

Mme L... était veuve ou, du moins, passait pour l'être, fort dévote, couturière de son état et ayant pour clientèle les dames les mieux pensantes du faubourg Saint-Germain.

Ses mœurs étaient rigides, sa mine austère et sa sévérité sans égale pour ses ouvrières. Elle employait une douzaine de jeunes filles, anciennes élèves d'orphelinats, créatures timides qu'elle terrorisait par la parole, les amendes et les mille vexations qu'elle leur imposait.

Parmi elles, se trouvait une jeune fille de dix-sept ans que l'on avait renvoyée d'un couvent par suite de sa pauvre santé et de sa faiblesse d'esprit. Ni tout à fait folle, ni complètement idiote, Marie X... divaguait cependant fréquemment et, quoique très douce, n'était capable que d'un travail peu compliqué. Mme L... l'employait, répétait-on, avec admiration, par charité.

A la vérité, l'innocente lui était fort utile. Elle acceptait les travaux de couture les plus ingrats et, de plus, servait de bonne à tout faire à la couturière qui, pour son service particulier, n'employait qu'une femme de ménage non couchée.

Marie, sans être jolie, avait un charme fait de

blancheur anémique, de cheveux abondants couleur de chanvre, d'yeux bleu pâle un peu égarés, mais semblant pleins de rêve et de vague souffrance.

Ses grands yeux innocents, son expression de langueur douloureuse impressionnaient singulièrement la patronne. Et, bientôt, ses tracasseries envers la pauvre fille prirent un caractère tout spécial. Il semblait que tout lui fût prétexte pour amener dans ce regard de demi-idiote une expression de souffrance plus frappante, plus nette et qui, perçue, lui causait un choc agréable, une émotion véritablement voluptueuse.

Peu à peu le désir de la veuve de torturer cette jeune fille devint plus impérieux.

Néanmoins, elle voulait garder des dehors corrects, et jamais sa tyrannie ne s'exerça en public.

Devant les autres ouvrières, Mme L... se montrait, pour Marie, ni plus ni moins rêche et persécuteuse que pour les autres.

Lorsque la sortie de l'atelier était effectuée, la scène changeait.

La femme de ménage ne faisant son service que jusqu'à deux heures, à partir de six ou sept heures, Mme L. et Marie se trouvaient entièrement seules dans l'appartement. Alors le supplice de l'orpheline commençait.

Il était d'abord moral. Marie, très supersti-
tieuse, croyait aux revenants ; Mme L... lui en
faisait apercevoir partout et, par mille ruses, la
faisait tomber dans des transes inimaginables.
Puis, profitant de la crédulité de sa victime, elle
la persuadait que, durant les heures nocturnes,
elle était transportée en enfer, où l'âme de
Mme L..., elle-même, était chargée de la tourmenter.

Dès que Marie était endormie dans la chambre
où sa patronne l'enfermait, celle-ci survenait,
nue sous un peignoir flottant, les cheveux épars
sur les épaules, le visage sinistre, un fouet à la
main, et de l'autre portant une petite lampe.

L'innocente était éveillée par des morsures,
des coups, des pinçons, jetée à bas du lit, son vêtement de nuit arraché et les coups pleuvaient
sur sa nudité.

Le lendemain, elle se taisait, terrifiée par les
menaces du « fantôme » et, d'ailleurs, persuadée que nul ne pourrait lui venir en aide.

Ce martyre, qui dura deux ans, fut enfin dé-
couvert, parce que, dans son délire cruel,
Mme L... finit par briser le bras de sa victime.

On dut appeler un médecin qui découvrit des
traces tellement significatives de sévices sur le
corps de la malheureuse Marie qu'une enquête
eut lieu où la vérité se fit jour.

Habilement interrogée, Mme L... finit par tout reconnaître et avoua qu'elle éprouvait des sensations voluptueuses inouïes en torturant la jeune fille et que, durant tout le temps qu'elle la frappait, ses parties sexuelles étaient, pour ainsi dire, en orgasme ininterrompu.

Cependant, la cruauté la satisfaisait sexuellement, et jamais elle ne s'était livrée sur sa victime à des actes précisément obscènes.

Un pensionnat laïque fut, pendant une période assez longue, le théâtre de scènes aussi bizarres qu'effroyables.

Cette institution était très spéciale. Deux femmes la dirigeaient qui, entre elles, étaient liées par un violent amour saphique. L'une, âgée de quarante ans environ, avait été renvoyée de l'Université pour cause de sévices envers ses élèves ; sa compagne, qui ne comptait pas plus de vingt-quatre ans, fort jolie personne, avait chanté dans les music-halls. Passionnément éprise de cette Sylvia, Mme R... l'avait prise comme sous-maîtresse lorsqu'elle fonda son petit établissement qui était situé à P.....

Ce pensionnat ne contenait que des internes et il était exclusivement composé d'élèves, filles de demi-mondaines, de chanteuses et danseuses de music-hall peu fortunées et peu soucieuses de leur progéniture.

Le prix de la pension était peu élevé et Mme R... faisait valoir comme avantage que l'on ne donnait jamais de congés ni de vacances aux élèves durant toute l'année, sauf lors de l'ordre exprès des mères. Celles-ci se gardant bien de réclamer leurs filles dont la présence chez elles ne pouvait que les gêner, les enfants demeuraient l'année entière au pensionnat, entièrement livrées aux fantaisies de la directrice.

La vie au pensionnat de P..... pour les pauvres petites filles n'était pas sans avoir quelque ressemblance avec celle des misérables élèves de la pension Squeers, dans le célèbre roman de Dickens.

Comme chez Squeers, les élèves faisaient tout l'ouvrage de la maison, ne recevaient qu'une nourriture déplorable, et l'instruction qu'on leur délivrait était des plus rudimentaires. Comme chez Squeers également, les châtiments corporels pleuvaient. Mais Mme R... et Sylvia, hystériques et sensuelles sadiques, avaient imaginé de grotesques et sinistres raffinements en ces corrections dont elles abreuvaient leurs victimes.

Voici ce que le procès mit au jour, lorsque ces misérables furent enfin dénoncées par l'une des enfants, moins terrorisée, moins abrutie et plus énergique que ses compagnes de douleur et de honte.

Durant toute la matinée, les élèves se livraient aux soins ménagers, dirigées et malmenées par la cuisinière, une maritorne alcoolique, véritable brute, qui ne ménageait ni les taloches, ni les coups de pied ou les coups de balai à ses infortunées aides.

Jusqu'à midi, Madame et Mademoiselle les directrices de l'établissement restaient invisibles, dormant ou s'aimant dans leur chambre. A huit heures, les élèves avaient reçu un gros morceau de pain rassis et la permission de l'arroser au robinet ; à midi, on leur servait une soupe aux légumes, pâtée de pommes de terre ou de haricots assaisonnée d'un rien de graisse, et elles avaient repos jusqu'à deux heures, où « la classe » commençait.

Cette classe, où on leur enseignait la lecture, l'écriture et quelques vagues notions de calcul, d'histoire et de géographie, n'était, en réalité, qu'une sorte de prétexte aux punitions que Mme R... et Sylvia distribuaient avec largesse.

De quatre à cinq, les élèves allaient encore aider la cuisinière ; et, de cinq à sept, commençait l'exécution des punitions données durant le courant de la classe.

Avant de donner le détail des scènes burlesques et tragiques qui se passaient alors, disons tout de suite qu'entre sept et huit heures, les fillettes recevaient une faible portion de ragoût et devaient aller immédiatement se coucher en un dortoir glacé en hiver, où jamais l'ombre de feu n'apparaissait.

Les punitions étaient des plus variées et s'exécutaient sous les yeux de toutes les élèves, et la plupart du temps avec leur participation.

Il y avait le *fouet simple*, le *fouet honteux*, la *fustigation générale honteuse*, le *supplice* qui se divisait en *petit supplice*, *grand supplice* et *supplice suprême*. Puis, c'étaient toute une suite de punitions compliquées, aux noms divers, minutieusement catalogués par ces deux maniaques, et dont nous donnerons le détail tout à l'heure.

La fillette — les élèves avaient de six à quatorze ans — condamnée au fouet simple montait sur l'estrade où se trouvaient Mme R... et Sylvia, tandis que toutes les autres élèves étaient assises sur leur banc comme pour la classe. Elle s'agenouillait, baisait le plancher et le bas des robes des deux maîtresses, demandait pardon et relevait sa robe. Sylvia qui était vêtue d'un pantalon de cycliste, ouvert comme un pantalon de lingerie, s'emparait de la fillette, la faisait se courber, la prenait entre ses jambes et, la déculottant, mettait ses fesses à l'air, qu'elle caressait de verges plus ou moins longtemps.

Il faut noter que ces fessées n'étaient ni très

longues, ni très cruelles : ce n'était qu'une sorte de prélude aux autres punitions. Il y avait tous les jours deux ou trois fessées sans importance, et les punies regagnaient leur banc en sanglotant, tandis que les autres élèves trépignaient et applaudissaient.

Car, il faut noter que ces fillettes, bien que martyres, en somme, étaient gagnées par l'hystérie de leurs tortureuses et tiraient de leurs souffrances mutuelles une sorte de volupté exacerbée.

Le fouet honteux consistait à faire s'étendre la coupable sur une chaise longue, les jambes écartées, les vêtements relevés, les chairs à nu, et les coups de verge étaient appliqués par Sylvia sur le sexe de la victime que Mme R.... maintenait fortement, car, là, la douleur était plus sérieuse que lors de la fessée.

Pour la fustigation générale honteuse, la fillette était placée sur la chaise longue à quatre pattes, le ventre soutenu par une pile de coussins. Sylvia maintenait ses épaules ; Mme R... tenait écartées les cuisses complètement découvertes de l'enfant. Tour à tour, ses compagnes venaient la frapper de verges sur les fesses et enfoncer leurs doigts dans son sexe.

Cette punition causait une joie générale aux exécuteuses, qui fouettaient et « pénétraient » avec fureur leur malheureuse compagne, gagnées par la folie sadique et oubliant que, bientôt, ce serait leur tour.

Le supplice consistait à introduire dans le vagin de la condamnée, renversée et attachée sur la chaise longue, des phallus en bois de diamètre différent; le « petit supplice » déflorait simplement les enfants et n'était douloureux qu'à cause de la longueur de l'opération et de la brutalité des coups donnés avec cet organe postiche, que Mme R... maniait de préférence.

Le grand supplice se donnait avec un phallus disproportionné à l'ouverture de la vulve enfantine et causait à la patiente de vives douleurs.

Le supplice suprême était causé par un énorme phallus garni d'aspérités. A la fin de la séance, la fillette était en sang.

Les punitions témoignaient de l'imagination variée de Mme R... et de Sylvia.

Tantôt les fillettes devaient baiser et lécher le sexe des directrices, tantôt celui de leurs compagnes. Quelquefois, elles devaient avaler l'urine des deux dames. D'autres fois, elles devaient courir, nues, à quatre pattes, des objets fichés dans l'anus ou la matrice. Les fessées aux orties, le sexe saupoudré de poivre, n'étaient pas oubliés. Et toujours, la luxure sadique des deux femmes s'excitait de la présence de toutes les autres élèves et du semblant de punition que revêtaient ces actes de pur vice sensuel.

Dans une maison religieuse analogue à celle du Bon-Pasteur, durant de longues années, des actes sadiques révoltants furent commis à l'égard des jeunes orphelines dont le travail était dirigé par des sœurs converses, véritables brutes cruelles et luxurieuses.

Là, pas de « littérature », pas de mise en scène comme au pensionnat de P.....

Les enfants devaient satisfaire les besoins sexuels de leurs deux bourreaux femelles et, comme récompense, elles n'en recevaient que des coups, des rossées données avec le vieux manche d'un balai, ou *des piqûres de ciseaux dans les engelures qui couvraient leurs mains l'hiver.*

Nous avons parlé précédemment de cette veuve d'irréprochable réputation et dans une situation honorable qui avait obtenu de l'assistance publique la garde d'une petite fille, dont elle avait fait une esclave pour la satisfaction de ses besoins sexuels.

Mais la monstrueuse créature ne se contentait pas des odieux services imposés à sa victime, il lui fallait encore la torturer de cent autres façons.

Sous le prétexte le plus futile, l'enfant était

battue cruellement, privée de nourriture, mena-
cée de tous les supplices les plus effrayants,
enfermée dans un cabinet en compagnie d'un
chien hargneux, qui la couvrait de morsures et
qui était dressé à courir derrière elle et à la
houspiller.

Aux bains de mer, où Mme X... s'était rendue
traînant toujours avec elle sa petite martyre, les
baigneurs firent chasser cette maniaque de la
plage, où tous les jours elle offrait un spectacle
qui bouleversait et indignait tous les cœurs sensibles.

Sous prétexte d'apprendre à nager à sa pupille,
Mme X... la frappait, l'enfonçait sous l'eau, la
renversait, lui donnait toutes les affres et la
souffrance d'une noyade, qui s'arrêtait juste
au moment où l'asphyxie définitive commençait.

Chaque jour, à l'heure du bain, l'enfant voyant
son supplice imminent se mettait à pleurer,
essayait de s'enfuir, ce qui fournissait à son
bourreau un prétexte pour commencer ses brutalités. Durant tout le déshabillage et le bain,
les cris affolés, déchirants, de la petite fille, les
coups de sa mère adoptive causaient une révolu-
tion sur la plage.

Dans les nombreuses affaires de brutalités
répétées, de persécution et de séquestration

d'enfants, les mères ou belles-mères coupables offrent des exemples de cruauté raffinée, persistante, absolument stupéfiants.

En général l'homme est sujet au sadisme par accès ; au lieu que la femme sadique l'est perpétuellement et s'acharne sans trêve sur sa victime, en usant autant de moyens intellectuels que matériels pour accabler le malheureux sujet sur lequel sa monomanie s'assouvit.

Beaucoup de femmes entachées de sadisme se contentent d'imaginer des actes féroces, sans jamais tenter de mettre ceux-ci à exécution, ou en font une démonstration puérile.

Une certaine demi-mondaine, très riche, très célèbre, bien connue pour ses caprices bizarres dans les maisons de tolérance qu'elle fréquentait, ne goûtait vraiment le plaisir vénérien que si la femme qu'elle caressait de ses mains et de ses lèvres était couverte de sang. — On simulait ce sang avec un peu de carmin délayé dans de la glycérine.

D'autres hystériques exigent que leur compagne leur crie grâce, se débatte, détaille d'abominables souffrances imaginaires pendant qu'elles assouvissent leurs désirs.

Une demi-mondaine adorait, tandis qu'une amante lui donnait le baiser saphique, frapper un petit chien attaché au pied de son lit, les

cris plaintifs de l'animal aiguisaient merveilleusement sa joie sensuelle.

Nous avons été à même d'approcher d'une
femme dont nous devons citer ici la singulière
névrose, car, bien que son sadisme particulier
s'assouvît exclusivement sur des hommes, c'était
une saphiste invétérée, et c'était en réalité par
un contre-coup de ses goûts lesbiens qu'il lui
plaisait de torturer des hommes.

Il n'y avait de sa part nulle brutalité, nuls
sévices physiques et pourtant, plusieurs fois, elle
faillit tuer ses victimes.

Fort belle, très séduisante, d'une lascivité qui
éclatait en tout elle, elle conquérait qui elle voulait. Aux hommes qu'elle choisissait, elle donnait l'impression d'une créature très sensuelle, et
ils n'avaient pas le moindre doute sur l'intensité
de volupté qu'ils savoureraient entre ses bras.

Or, dans le tête-à-tête, après avoir excité les
sens de son compagnon jusqu'au délire, elle se
refusait obstinément au coït. Et cela avec de tels
raffinements, de telles habiletés, avec une science
si surprenante pour éteindre et rallumer le désir
que l'homme éperdu, affolé, devenu un véritable
mannequin entre ses mains, souffrait un indicible
martyre.

Durant deux, trois ou quatre heures de suite,
elle accomplissait ce tour de force de n'être ni

violée ni assassinée par des hommes que la lubricité transformait en véritables aliénés et qui, suivant leur tempérament, finissaient par tomber dans une crise de nerfs, ou s'évanouir, ou s'effondrer dans une prostration cérébrale et physique totale. Un jour, l'une de ses victimes, un jeune homme dont le cœur n'était pas tout à fait dans un état normal, eut une syncope dont il ne sortit que par miracle. Un autre saisi d'un accès de délire tenta de se jeter par la fenêtre.

Le spectacle du désir masculin poussé à son paroxysme, toujours déçu, et les souffrances de cette déception étaient la seule intense joie sensuelle que cette étrange femme pût goûter auprès des hommes. Le coït lui causait une horreur insurmontable, et même les caresses saphiques données par des lèvres et des mains mâles ne lui faisaient ressentir qu'un plaisir médiocre et superficiel.

La flagellation d'autrui a ses adeptes frénétiques parmi les femmes, particulièrement les Anglaises.

Les mœurs de certaine dame de la cour de la reine Victoria étaient si bien connues que les femmes de chambre entrant chez elle se munissaient d'une forte provision de cérat, en prévision des contusions et des blessures dont leurs reins et leurs fesses ne manqueraient pas d'être couverts.

XXVIII

LE MASOCHISME — LA SODOMIE

Si le sadisme suppose la joie de faire souffrir, le masochisme exprime la volupté de souffrir soi-même.

Nous empruntons ce terme au savant docteur Von Krafft-Ebing, qui appliqua à cette sorte de perversité le mot de masochisme d'après le nom de l'écrivain Sacher-Masoch dont les romans décrivent cette névrose spéciale.

Le masochisme est exactement le contraire du sadisme. Le sadiste se plaît à humilier, à torturer; le masochiste tire toutes ses joies du fait d'être humilié et torturé. Sa volupté s'exacerbe sous les injures, les coups, dans la douleur. Le fouet le jette dans l'extase.

Le masochisme ébauché ou accentué se ren-

contre fréquemment chez les femmes essentiellement femmes.

Combien d'entre elles, dans la jouissance, gé-
missent-elles, supplient-elles, comme si elles
subissaient la terreur la plus intense, la souffrance la plus aiguë. Tout réside dans leur imagination, pourtant c'est du masochisme à l'état
de rêve, sinon de réalité.

Bien que moins nombreuses que les hommes,
les femmes aimant à être flagellées ne sont pas
rares. On les rencontre plus particulièrement
parmi les hermaphrodites, et la flagellation
qu'elles sollicitent avec leurs sens féminins, les
incite à se précipiter dans le désir masculin, et
leur possession de leur compagne devient d'autant plus ardente que la flagellation a été plus
rude et plus prolongée.

La tendance au masochisme moral est extrêmement répandue chez les femmes. Leur faculté
de s'éprendre d'un être égoïste et cruel, homme
ou femme, de l'adorer, de lui être fidèle, de lui
conserver un dévouement absolu et de tous les
instants, n'est pas autre chose que du masochisme intellectuel, c'est-à-dire un besoin mala-
dif d'être tourmentées, par l'objet de leur amour.

En effet, la tendresse pour un autre individu
ne peut subsister chez l'être normal que s'il y a
réciprocité de sentiment. Du moment où l'on

reconnaît l'indifférence de son partenaire, continuer à l'aimer c'est prouver que l'on ressent une obscure jouissance à souffrir.

Les cas de masochisme intellectuel chez les femmes vis-à-vis de leurs époux ou de leurs amants sont des plus fréquents ; nous les laisserons de côté, pour ne nous occuper que de ceux qui regardent l'amour lesbien. Nous en avons eu sous les yeux des exemples frappants.

Nous citerons le cas de Germaine J..., une petite chanteuse de music-hall, follement éprise d'une ballerine, qui se laissait gruger, tromper, tourner en dérision par son amante et lui réservait malgré tout une tendresse de chien battu, éternellement dévoué, quelque coup de pied et mauvais traitement il reçoive de son maître.

On sait que Sodome fut incendiée par l'Éternel parce que les habitants de cette ville avaient coutume de s'accoupler avec des animaux. De là vient que ce vice spécial porte le nom de sodomie.

La sodomie n'est pas rare chez les femmes, qui trouvent dans leurs animaux domestiques des complices ordinairement complaisants et relativement discrets.

Nous disons « relativement », parce que souvent l'attitude d'un chien avec sa maîtresse révèle assez clairement les répugnantes habitudes

passionnelles qu'on lui a laissé prendre ou auxquelles on l'a dressé.

Si l'accouplement d'une femme et d'un chien
ne laisse pas d'offrir quelque difficulté, par contre
tous ces animaux sont disposés à lécher avidement les parties sexuelles d'une femme.
Leur langue est douce et pleine d'habileté naturelle.

Certaines sensuelles exaspérées leur préfèrent
la langue des chats, dure comme une rape et
dont le frottement peut provoquer une irritation
sexuelle intense.

XXIX

LA SENSUALITÉ CHEZ LES ALIÉNÉES
LA NYMPHOMANIE

Chez les démentes, la sexualité joue un rôle prépondérant. Alors que beaucoup d'hommes aliénés voient leur virilité disparaître, les folles sont presque toujours sous l'impression d'une sensualité impossible à assouvir.

La masturbation devient parfois chez elles presque incessante, et la vue d'un être, homme ou femme, les jette dans un état d'excitation sexuelle indescriptible.

Dans une maison de santé, le directeur, excédé de voir les folles se jeter sur le docteur qui les soignait, lui proposer le coït en paroles et par gestes obscènes et tomber en sa présence dans l'agitation la plus pernicieuse pour leur état, engagea une interne femme.

Il arriva que les démentes l'assaillirent avec encore plus de violence que son collègue masculin, et qu'elle leur en imposait moins.

L'exhibitionnisme est une monomanie fréquente chez les aliénées, et c'est souvent le premier symptôme du détraquement cérébral chez la femme qui deviendra bientôt tout à fait folle.

Dans tous les carnets médicaux des docteurs, l'on trouve en foule des exemples pareils à ceux que nous citerons.

Mlle Henriette H... était la fille unique d'un riche propriétaire de l'ouest. Jusqu'à quatre ans, elle avait eu de fréquentes convulsions ; vers douze ans, tôt réglée, elle eut des tics qui lui déformaient le visage, la faisaient grimacer, hausser subitement les épaules ou lancer en avant le bras inopinément. Puis, son tempérament parut se calmer, sa santé s'affermit. A quinze ans, elle paraissait tout à fait normale et son intelligence était égale à la moyenne des jeunes filles de son âge.

Tout à coup un scandale sans pareil vint jeter la consternation dans l'esprit de ses parents.

Il fut constaté que tous les jours, à une certaine heure où elle était sûre de voir passer dans la rue limitant leur jardin des troupes de soldats rentrant de la manœuvre, la jeune fille courait sur cette terrasse, grimpait sur le parapet, et, relevant ses jupes, montrait ses cuisses nues et son sexe aux passants avec mille contorsions plus simiesques que féminines.

Mlle Henriette H... fut immédiatement internée et devint folle furieuse, d'un érotisme répugnant et sinistre.

Même histoire arriva pour la fille d'un usinier qui, en l'absence du surveillant, pénétrait dans l'atelier et montrait son sexe aux ouvriers.

Pour celle-ci, sa mère désolée s'obstina à ne point la faire enfermer et, à force de soins intelligents, parvint à calmer momentanément la pauvre enfant.

C'était, en somme, rendre un mauvais service à la société, car la démence passagère de la jeune fille n'ayant pas été divulguée, elle trouva à se marier et désola un brave homme par ses excentricités et ses fugues de déséquilibrée et de morphinomane.

Ce qui est à remarquer, c'est que, presque toujours, les exhibitionnistes se contentent de leur geste et ne souhaitent ni le coït, ni le baiser saphique. Pourtant, il peut y avoir des exceptions.

On peut, en somme, dire qu'il y a une teinte d'exhibitionnisme dans la joie trouble et véritablement sensuelle qu'éprouvent tant de femmes à se décolleter outre mesure et à suivre dans le regard des hommes le désir que fait naître en eux ce spectacle.

Cette monomanie prend un caractère déjà plus accentué chez celles qui, sans un but déterminé, sans admettre de conséquences à leur acte ni les souhaiter, s'ingénient dans la rue à montrer aux passants une croupe habilement moulée par une jupe que l'on colle contre soi, ou une jambe sous la robe relevée adroitement.

Et le caractère pathologique se dessine nettement, bien qu'encore non reconnu, lorsque des femmes entre elles, sans avoir de relations saphiques et sans même les désirer, se montrent leurs seins, leurs cuisses, sous un prétexte ou un autre, se présentent aux yeux de leurs amies dans un déshabillé qui laisse deviner tout ce qu'elles possèdent.

On entend par nymphomanie l'appétit sexuel poussé à l'excès, devenu la préoccupation prédominante et parfois perpétuelle de la malheureuse atteinte de cette névrose.

La nymphomane peut être une lubrique insatiable de coït ; elle peut demander à la masturbation seule les joies que son corps réclame ou elle se déclare tribade enragée.

De toutes façons, chez elle, la sensualité déréglée s'instaure dans son individu, y règne en souveraine et conduit la malade souvent jusque derrière les grilles du cabanon de l'aliénée.

Néanmoins la nymphomanie peut garder des bornes et celle qui en est atteinte parvenir à cacher à ceux qui l'entourent ses habitudes et ses préoccupations morbides.

Le docteur X..., spécialiste pour névroses, compte de multiples cas de ce genre dans sa clientèle. Quelques-uns sont des plus intéressants.

Un jour, il vit entrer dans son cabinet une femme d'environ quarante-cinq ans, l'air agréable et décent, vêtue avec une élégance discrète indiquant la bourgeoisie honnête et aisée.

Après quelques secondes de confusion, elle exposa résolument son cas, ainsi qu'une désespérée qui se résout à la confession honteuse dans le but qu'on vienne en aide à sa détresse.

Mariée depuis près de vingt-cinq ans, elle avait aimé son mari sans passion, n'avait jamais désiré d'amant, était la mère de trois beaux enfants; deux filles déjà mariées et un fils qui terminait ses études.

Elle n'avait pas été sans pratiquer parfois la masturbation, mais jamais cette habitude ne s'était imposée à elle, et elle n'en sentait autrefois le besoin que très rarement.

Obligée à préciser, elle déclara que peut-être

se donnait-elle une ou deux fois par mois cette illusion du coït.

En tous cas, jamais elle n'avait eu l'ombre d'un désir lesbien et n'avait jamais compris jadis comment cette passion pouvait exister dans le cœur et les sens de la femme.

Or, voilà qu'il y avait un peu plus de dix-huit mois, à la suite de la lecture d'un roman pourtant on ne peut plus chaste et correct, elle avait eu la pensée d'une femme nue, étendue sur un lit, et se tordant en de voluptueuses convulsions.

Elle avait été surprise de cette pensée saugrenue, en avait ri intérieurement et l'avait chassée.

Mais, peu de temps après, d'autres images obscènes s'étaient présentées à son esprit, évoquées de même par un mot, une phrase lue, un dessin regardé parfaitement corrects et semblant sans rapport aucun avec ce tableau qui soudain surgissait devant ses yeux comme par un déclanchement d'appareil photographique.

D'abord, elle n'avait éprouvé qu'un malaise; puis, un trouble sexuel l'avait gagnée, et chaque fois qu'elle songeait à une obscénité il lui fallait se masturber. Il y avait des jours où plus de dix fois elle se dérobait aux siens, s'enfermait dans sa chambre, dans les cabinets, n'importe où pour satisfaire son besoin.

La veille encore, saisie dans la rue par une irrésistible envie de masturbation, elle était entrée dans la première maison venue et s'était soulagée dans l'escalier, mourant de peur d'être surprise.

Jusqu'à présent, elle s'était tue, n'osant pas avouer son mal à son médecin et redoutant d'aller trouver un étranger ; cependant, le désespoir la gagnait et, ayant entendu parler du docteur X..., elle venait à lui comme à un sauveur.

Celui-ci, après quelques questions, la rassura. Son trouble pathologique provenait de l'âge critique où elle se trouvait, et il était persuadé que, la ménopause accomplie, elle retrouverait son calme précédent, surtout si elle suivait une hygiène rigoureuse et cherchait des distractions suivies.

La guérison, en effet, fut obtenue.

Il n'en fut pas de même pour une autre femme qui, également chaste jusqu'à quarante-six ans, et voyant tout à coup ses menstrues cesser, conçut en même temps les désirs les plus violents et les plus monstrueux pour ses propres filles, deux enfants de quatorze et seize ans.

Elle eut cependant la force de ne pas succomber à son délire, éloigna ses enfants, se soumit au régime le plus sévère. Rien n'y fit; trois ans plus tard, on devait l'enfermer et sa folie gardait le même objet : elle appelait ses filles, leur prodiguait les appellations les plus tendres parmi des évocations d'une lubricité inouïe.

Les cas de nymphomanie plus ou moins accentuée accompagnant la ménopause sont extrêmement fréquents, et l'on pourrait presque dire que toute femme y est soumise.

Seulement, pour la plupart, cette crise est légère, momentanée et passe inaperçue. Ce fait tout physiologique a été traité par divers romanciers qui n'y ont vu que le côté psychologique, en quoi ils se sont grandement trompés. L'héroïne de la *Crise* d'Octave Feuillet est très fidèlement copiée sur la nature, mais l'écrivain passe à côté de la vérité lorsqu'il nous montre cette honnête femme saisie de désirs de faute pour la raison qu'elle se sent vieillir et voudrait tout connaître de la passion avant de perdre sa jeunesse et ses charmes.

C'est tout simplement une femme chez qui les premiers troubles sanguins de la ménopause se font sentir ; son sexe, exaspéré par l'afflux sanguin dont le cours se trouve détourné, l'incite à des désirs, des pensées qui jamais auparavant ne l'avaient visitée.

Chez les dévotes, les religieuses, cette crise prend parfois la forme d'hallucinations religieuses.

Sœur Marie B..., précocement désexuée à trente-six ans, voyait la statue de la Sainte-Vierge, dans la chapelle du couvent, lever sa robe et lui montrer un sexe béant où des démons s'agitaient.

Une autre nonne, prise de désirs effrénés pour les jeunes novices et ne voulant pas céder à son péché, volait leurs voiles et les introduisait en tampons dans son vagin; l'idée que cet objet avait touché les jeunes filles lui procurait des délices indescriptibles.

Les vieilles femmes en enfance peuvent être atteintes de nymphomanie, soit qu'elles se masturbent avec une sénile obstination, soit qu'elles se livrent à des attouchements obscènes sur les personnes mâles ou femelles qui les soignent.

Le docteur Z... fut appelé un jour par une famille désolée, chez qui une vieille grand'mère avait expiré, la main enfoncée dans son sexe et si crispée qu'il avait été impossible de l'en retirer. On dut l'ensevelir dans cette posture obscène.

<h1 style="text-align:center">XXX</h1>

L'AMOUR LESBIEN A TRAVERS LE MONDE

Pratiqué de tout temps, le saphisme est également en usage, de façon plus ou moins avouée, dans tous les pays de l'univers.

A peu de chose près, la façon d'aimer des femmes, qu'elles soient Esquimaudes, Chinoises, Turques, négresses ou Indiennes, reste la même; ce qui diffère, c'est plutôt la mentalité, la façon d'envisager et d'accomplir cet acte.

En Afrique, il est des peuplades où la mère masturbe gravement sa petite fille pour lui « faire son sexe ». Chez d'autres les caresses sexuelles sont permises entre les petites filles, qui se les donnent en public sans le moindre trouble, et interdites à partir de la puberté.

Dans l'Inde, lorsqu'une fille a atteint douze

ans sans que les signes de sa nubilité apparaissent, l'on est convaincu qu'elle est sous un charme maléficieux que les pratiques lesbiennes auront le pouvoir de chasser.

C'est, du reste, de l'excellente médecine empirique, car les parties sexuelles encore endormies ne tardent pas à s'émouvoir sous les vibrations amoureuses, et la puberté s'épanouit.

En Perse, en Turquie, et en général dans tous les pays où l'islamisme fleurit, l'amour saphique est considéré par les hommes avec une telle indifférence qu'il n'est même pas un ragoût pour leur sensualité.

Quelques maris ferment même les yeux sur les caresses stériles que leurs femmes sollicitent des eunuques commis à la garde de leur vertu.

Cependant, en général, l'amour n'est pas toléré entre les femmes et ces moitiés d'hommes, au lieu qu'entre elles les habitantes des harems se donnent les caresses les plus ardentes sans exciter la plus petite jalousie ni la moindre réprobation de la part de leur époux.

Une seule chose est exigée, c'est que les pucelles ne soient point déflorées par les doigts ou par des objets étrangers ; c'est à quoi veillent soigneusement les mères, qui expliquent par le menu aux fillettes tout ce qu'il leur est loisible de faire et ce dont il faut se garder.

Les Orientales, très friandes du plaisir sexuel, en augmentent volontiers l'intensité par l'usage des parfums brûlés qui mettent dans le cerveau une langueur, un trouble, tandis qu'ils activent prodigieusement leurs sens. Elles ont coutume aussi de se frotter la vulve avec certains parfums qui leur causent un prurit qui rend le baiser saphique infiniment voluptueux.

Dans certains districts de Perse, une jeune fille n'est pas considérée comme bonne à marier si au moins depuis six mois une femme experte ne l'a pas initiée à la volupté, tant théoriquement que pratiquement, bien que toujours en réservant l'étroit tabernacle, qu'il appartient au mari de pénétrer.

Ce n'est pas la mère qui se charge de cette intéressante partie de l'éducation de la jeune vierge, mais une parente ou une amie, choisie parmi celles qui sont les plus savantes et les plus goûtées de leurs maris.

Il peut se trouver que ces initiatrices soient de simples esclaves ou de très grandes dames, qui bénévolement flattées dans leur amour-propre — et vraisemblablement touchées dans leurs sens — consentent très volontiers à jouer le rôle d'institutrice pratique de la sensualité.

Quelquefois, cette coutume devient un simple moyen de flatter une dame influente, et même si son expérience est médiocre, la mère avisée lui mène sa fille et, telle qu'un courtisan habile, vante les leçons que celle-ci reçoit.

Chez les Esquimaux, la virginité est considérée comme un obstacle des plus gênants au plaisir, et livrer une fille non dépucelée à un époux est le plus vilain tour qui puisse lui être joué.

Souvent c'est le père qui se charge de cette tâche ingrate, mais il est bien entendu qu'il serait impardonnable de déposer sa semence dans le sein de sa fille. Aussi, tandis que s'accomplit l'opération, la mère guette-t-elle et se tient-elle toute prête à recevoir le membre que son mari retirera à temps du vagin désormais ouvert de la jeune fille.

Très souvent, soit que le père se refuse à cet acte, soit que la mère le considère comme dangereux, c'est elle qui se charge de dépuceler sa fille avec un de ces os d'ours ou de baleine dont les gens de ces régions polaires se servent pour confectionner des ustensiles de ménage, cuillers, manches de fouets et d'outils, etc.

En Suède, l'amour saphique est très répandu dans certaines classes de la société. Dans le « monde » on ne l'avoue pas ; dans la petite bourgeoisie, on en parle à mots couverts, avec des sourires indulgents lorsqu'il s'agit de jeunes filles. L'on est, au contraire, fort sévère pour les femmes mariées qui s'adonnent à ce vice.

Dans l'Amérique du Sud, l'usage de se masturber avec des objets est si répandu parmi les femmes indiennes, que le nom du membre viril est donné à un arbre singulier dont les jeunes pousses arrondies et de bois souple comme du caoutchouc sont souvent employées en guise de membre artificiel par les femmes. Pas de maison qui n'ait son « f'taï » pendu à la muraille, parmi les ustensiles de cuisine. Même, l'objet est souvent manié par le mari quand ses sens repus ou trop faibles ne lui permettent pas de contenter son épouse.

En Espagne, les tribades sont légion, et de ce pays vient l'invention d'un instrument spécial, destiné à faire jouir simultanément les deux amantes, assez long et pourvu de deux extrémités semblables ; celle qui tient le rôle de l'homme en introduit un bout dans son vagin et pousse l'autre bout dans la vulve de son amie. Grâce à ce procédé, tous les mouvements de l'une servent au plaisir de l'autre.

On y pratique aussi le baiser saphique d'une façon particulière. L'amante commence par s'emplir la bouche d'alcool et le souffle dans le sexe de son amie, puis le reboit ensuite. Le contact de l'alcool sur les muqueuses rend l'orgasme vénérien d'une grande intensité.

Dans les classes populaires, la femme virile qui volontiers possède une compagne est regardée avec une certaine admiration ; au contraire, celle qui s'abandonne à ses désirs est traitée avec mépris et, pour un homme, il est peu flatteur de devenir l'amant d'une fille qui se laisse aimer par des femmes. Beaucoup de danseuses publiques sont de hardies don Juan femelles, et leur titre fouette le désir des hommes qui sont flattés de les soumettre à leur tour à la passion naturelle.

En Angleterre, le saphisme est très répandu ; il accompagne ordinairement ses joies de la flagellation et de l'alcoolisme. Deux amies se réunissant commencent par s'assurer de la bouteille qui leur permettra de se confectionner des grogs nombreux et de haut goût.

Comme pour tout ce qui touche à ses vices l'hypocrite Albion ne livre pas volontiers aux étrangers le secret de ses mœurs, néanmoins, lorsqu'on a habité pendant quelque temps l'Angleterre, l'on se convainc aisément que l'amour lesbien, pratiqué avec le dernier des cynismes et parfois avec une grossièreté et une brutalité répugnantes, existe dans toutes les classes de la société, aussi bien dans la haute que dans la moyenne ou les classes inférieures. Dans leur chambrette de *maids*, Dolly et Polly s'étreignent en balbutiant de tendres mots avinés, tout comme miss Maud et miss Addah, les petites bourgeoises et les nobles ladies des aristocratiques châteaux.

XXXI

L'AMOUR SAPHIQUE COMPARÉ A L'AMOUR NATUREL

C'est une question souvent posée que celle qui demande si l'amour saphique est capable de donner à la femme autant de joies que l'amour naturel goûté auprès d'un homme.

En général les réponses, soit qu'elles soient affirmatives ou négatives, manquent d'impartialité et sont plutôt inspirées par une idée préconçue que par une étude réelle et clairvoyante des choses.

A notre avis, répondre en bloc par oui ou par non, pour toutes les femmes qui pratiquent l'amour saphique, c'est faire preuve d'une absence de sens psychologique bien grossière. La première nécessité est de séparer ces femmes par groupes et de répondre pour chacun d'eux.

S'il s'agit de femmes aux instincts mâles, des inverties résolues, nous croyons que, non seulement l'amour lesbien dépasse pour elles l'amour naturel, mais qu'il leur cause des joies qu'elles ne sauraient trouver autre part.

Pour l'invertie, le coït sera toujours pénible, répugnant et l'empêchera d'apprécier l'amour sentimental d'un homme. Il n'y a qu'auprès de la femme que ses sens soient contentés et ses tendances vitales prennent leur essor librement.

Pour celle que nous dénommons la *lesbienne compensatrice*, il est évident que l'étreinte féminine ne vaut pas le baiser masculin, du moins si celui-ci est envisagé sans tenir compte du cortège de craintes, de soucis, de conséquences désastreuses et pénibles qu'il entraîne avec lui.

Néanmoins nous croyons qu'il faut préciser en quoi se trouve l'infériorité de l'amour lesbien comparé à l'amour naturel.

Cette infériorité se rencontre non pas dans la sensation matérielle qui est presque toujours supérieure par les moyens saphiques, mais dans le sentiment moral.

La femme mâle aime son amante avec fougue et sincérité.

La femme ordinaire ne peut éprouver un sentiment très profond pour sa pareille.

Qu'est-ce qui domine dans l'amour au point de vue intellectuel? — Sûrement l'inconnu.

C'est l'inconnu, le mystère de l'être vers qui on est attiré, qui lui donne tout son charme, toute sa valeur.

On aime d'amitié, de cœur, la personne près de laquelle on vit et qui n'a rien de secret pour vous ; on ne saurait la désirer intensément.

Or, la femme et l'homme sont des étrangers, des inconnus l'un pour l'autre; c'est le mystère qu'ils représentent qui met dans l'amour une acuité, une valeur, qui jamais ne se retrouvera dans l'amour de deux femmes.

En effet, celles-ci, de même sexe, de même nature, ayant eu la même éducation, ne sauraient être une énigme l'une pour l'autre.

Leur prestige est nul aussi bien aux yeux de l'une que de l'autre, et il ne saurait exister dans leur cerveau ni le sentiment orgueilleux de la femme qui se dresse en énigme devant l'homme, ni la satisfaction vaniteuse de l'homme qui croit l'avoir résolue.

Les femmes vraiment femmes se connaissent trop bien, ont trop de points de contact et de ressemblance pour éprouver du réel amour l'une pour l'autre, car, nous l'avons dit, l'amour n'est que l'illusion que nous avons de celui que nous aimons.

La femme mâle est d'instincts si différents de la femme féminine qu'elle peut aimer celle-ci, car elle la comprend aussi peu qu'un homme le ferait à sa place, et son idole lui demeure mystérieuse.

En résumé, sauf pour les inverties, nous croyons que l'amour au point de vue cérébral est inférieur dans le saphisme à l'amour naturel ; mais nous sommes persuadés que la femme y goûte des satisfactions matérielles infiniment supérieures à celles qu'elle connaît dans ses rapports avec les hommes.

En général, ce n'est qu'à l'aide de l'imagination que le coït la satisfait, et tant de craintes, de gêne, l'accompagnent que sa saveur y disparaît.

Et nous parlons là de la femme qui aime le coït ; or, il faut bien se dire qu'un nombre considérable de femmes restent froides dans l'union sexuelle naturelle et n'y trouvent jamais aucun plaisir.

Trop aisément, de ce fait que beaucoup de femmes ne sont point satisfaites par les rapports naturels, les hommes en ont conclu qu'elles sont de nature plus calme qu'eux-mêmes, et ils acceptent volontiers cette idée que leurs sens dormiront ou resteront atrophiés toute leur vie et dans toute circonstance.

Ceci est absolument faux.

Nous affirmons qu'il n'existe pas de femme incapable d'émotion sensuelle : il n'y a que des femmes que l'on n'a pas su faire vibrer.

Combien de créatures restent-elles de glace dans les bras des hommes et qui connaissent des spasmes fous avec des amantes ou simplement en se masturbant.

XXXII

LE SAPHISME ET L'AMOUR NATUREL

La pratique du saphisme est-elle absolument incompatible avec l'amour naturel? — La lesbienne ne peut-elle être quand même une bonne épouse, et parfois une épouse tendre et passionnée?

Voici des questions auxquelles on ne peut faire une réponse générale et collective sans commettre de grosses erreurs.

Dans le courant de ces pages, nous avons donné des détails qui éclairent ce sujet ; il nous suffira de les résumer ici, puis de les appuyer par quelques exemples, photographiés, pour ainsi dire, d'après nature.

L'invertie, la femme aux goûts, aux instincts, aux impulsions nettement mâles, fera toujours une détestable épouse, du moins au point de vue des rapports sexuels.

Pour elle, le coït est un acte pénible, humiliant, atroce. Quelque bonne volonté qu'elle y mette, quelque empire qu'elle possède sur elle-même, elle ne parviendra qu'à le supporter et y souffrira toujours.

L'invertie ne prend jamais son parti du rôle qui lui est dévolu aux côtés d'un homme normal ; cela lui est impossible, car, à chaque instant, tout en elle est heurté, froissé, meurtri. Si, avec courage, elle se force à accepter ses devoirs, ses nerfs, son tempérament, en sont profondément affectés, et sa santé peut en être altérée.

Mme D..., présentant toutes les particularités de la femme mâle, s'était mariée, sans se douter naturellement de l'anomalité de son être physiologique et moral. Belle femme, intelligente, pleine de valeur intellectuelle, elle était fougueusement adorée de son mari, un homme sain, très normal et d'une vigoureuse virilité.

L'épreuve conjugale lui fut atroce. Et, loin de s'accoutumer au coït, la jeune femme en arriva à être hantée de l'idée des caresses conjugales ainsi que d'un cauchemar. A part cette question de relations physiques qui lui étaient odieuses, elle estimait son mari, elle avait pour lui une sérieuse affection qui surmontait les rancunes inconscientes qu'elle lui gardait des tortures qu'il lui imposait.

D'ailleurs le mari ne se doutait point des répugnances de sa femme, qui s'efforçait de les lui cacher par bonté, par sentiment du devoir, car, se renseignant discrètement auprès d'amies, elle avait reconnu qu'en réalité elle ne pouvait rien reprocher à son époux, et que c'était elle dont le tempérament était anormal.

Au bout de deux ans de martyre, elle se décida à consulter secrètement un docteur. Celui-ci, spécialiste de maladies nerveuses, la trouva déjà atteinte de symptômes inquiétants, dus à la perpétuelle contrainte qu'elle s'imposait, à l'effort surhumain par lequel elle domptait ses révoltes et ses nausées.

L'ayant habilement et paternellement confessée, ce médecin acquit la certitude qu'il se trouvait devant un type accompli de l'invertie.

Le cas lui parut des plus graves. La jeune femme était à bout de forces : ou elle s'avouerait vaincue, révélerait à son mari ses impulsions, se refuserait désormais au coït, et ce serait la désunion, la ruine d'un ménage qui par ailleurs avait tout pour être florissant; ou elle lutterait encore et succomberait promptement à la névrose qui la guettait. Déjà, elle avait de légères hallucinations, des aberrations du goût, l'obsession maladive de certaines pensées, de certains mots. Encore quelques mois et elle glisserait rapidement dans la lamentable troupe des détraquées.

Tout dépendait du mari.

Le docteur ordonna un traitement insignifiant à la jeune femme, ne lui révéla rien de ce qu'il avait conclu de son examen moral et matériel ; puis il demanda que M. D... vînt causer avec lui.

Il était décidé à agir suivant la nature d'homme qu'il verrait devant lui.

Le mari dans son cabinet, la conversation engagée, le docteur, qui était un fin psychologue, vit immédiatement à qui il avait affaire.

M. D... était un garçon loyal, peut-être supérieur dans sa profession d'ingénieur industriel, mais il ne possédait aucune culture intellectuelle raffinée, il était incapable de largeur d'idées et profondément ancré dans un cercle étroit de principes de morale banale et de lieux communs universels.

Si on lui révélait l'être bizarre qu'était sa femme, il tomberait des nues, s'esclafferait, traiterait le docteur de loufoque et n'admettrait point que sa femme, une belle femme, pourvue de seins opulents et de hanches larges, eût pourtant des instincts exactement semblables aux siens au point de vue sensuel.

Et si, à force d'arguments probants, le docteur arrivait à le convaincre, ce serait sans doute pis, car alors le mari prendrait sa femme — ce cas pathologique — en aversion et en dégoût.

Le docteur X... se résigna donc, dans l'intérêt du ménage, à mentir.

Il s'appuya sur le fait de la stérilité de Mme D... — stérilité qui pour lui provenait de sa constitution tout entière — pour dire à M. D... que sa femme souffrait d'une affection des organes génitaux qui demandait d'abord le repos sexuel complet durant plusieurs mois, puis la reprise des relations conjugales, mais avec des ménagements extrêmes.

Il savait qu'il fallait que Mme D... se sût momentanément délivrée de la corvée pour que son esprit reprît son équilibre, et ensuite il comptait sur sa force d'âme pour pouvoir accepter sans troubles nerveux une sujétion conjugale modérée et enrayée.

M. D... aimait réellement sa femme. Il se soumit à tout ce que voulait le docteur et Mme D... recouvra la santé. Comme l'avait pressenti le médecin, jamais elle ne put dompter sa répugnance pour le coït, mais celui-ci ne lui étant imposé qu'à des intervalles suffisamment espacés, elle le subit sans que sa santé en fût altérée.

Cependant, il arriva ce qui était immanquable. Auprès d'une jeune femme que le hasard mit dans son intimité, sa véritable nature lui fut révélée ; elle désira follement son amie, lui fit partager son trouble et finit par connaître avec elle toutes les ivresses du saphisme.

Plus heureuse que Mme D..., une autre jeune femme dont le tempérament était tout masculin, se trouva devenir la femme d'un inverti qui, comme elle, ignorait son véritable tempérament.

Les jeunes époux essayèrent gauchement de s'aimer selon les lois de la nature, et se désolaient en secret de leurs répugnances, de leurs défaillances qu'ils s'efforçaient d'éprouver et de se prouver.

Eux aussi, à bout de forces, vinrent trouver le docteur X... Celui-ci se livra à un examen interne de la jeune femme aussi complet que possible. Il se convainquit qu'elle était destinée à être stérile et tout à fait impropre à l'amour normal. De même, sans être impuissant, le mari lui parut incapable de se livrer au coït, sinon de façon tout à fait exceptionnelle, sans que sa santé en fut altérée. Il conseilla donc aux deux époux, après

les avoir mis à l'aise l'un vis-à-vis de l'autre par
la révélation de leurs doubles confidences, de
cesser résolument toute corvée conjugale, puisqu'elle n'apportait de joie ni à l'un ni à l'autre.

Du reste il leur conseillait aussi de ne point se
désunir moralement, de s'aimer, et surtout d'être
francs et de tout s'avouer sans détour de leur être
et de leur âme.

Les jeunes gens suivirent docilement ses avis,
et il arriva ce que, en lui-même le docteur avait
prévu : ils finirent par comprendre que leurs natures se complétaient parfaitement et qu'ils pouvaient goûter d'exquises ivresses ensemble...
pourvu qu'ils changeassent de rôle.

Ces deux exemples que nous venons de donner, nous pourrions les répéter à l'infini ; diffé-
rant par le détail, leur ensemble prouverait
néanmoins que l'invertie est incapable de se plier
à l'union sexuelle normale.

Dans la nombreuse liste des crimes commis
par des femmes sur leurs époux, quand le mobile
du meurtre est la haine qu'elles éprouvent envers
celui-ci, la cause profonde de cette haine qui
s'affole jusqu'à l'acte suprême, c'est une mésintelligence sexuelle.

Or, celle qui a le pouvoir de mettre dans l'âme
de la femme une colère suffisante pour qu'elle
ait la pensée de tuer, c'est la mésintelligence qui

provient du sexe qui est heurté dans ses tendances instinctives.

Si l'on étudiait physiologiquement les femmes qui ont tué par haine l'homme qui s'imposait à elles, l'on s'apercevrait qu'elles sont toutes des inverties. Ce sont des hommes fourvoyés dans une apparence de sexe féminin, et que révolte et outrage la sujétion sexuelle dont on les écrase.

*
* *

Pour ce qui concerne la lesbienne compensatrice, c'est-à-dire celle qui cherche dans le saphisme l'illusion de l'amour naturel, la question est tout autre.

C'est en réalité une femme parfaitement normale, qui s'adresse au saphisme pour satisfaire des aspirations que l'amour ordinaire pourrait contenter. C'est la faute du mari ou de l'amant si elle cherche auprès d'une femme ce qu'il ne tient qu'à eux de lui donner.

Dire tout ce qui peut éloigner de l'homme une femme dont pourtant l'esprit aussi bien que le sexe réclament l'amour, c'est faire le procès de cent mille cas divers d'égoïsme, de sottise, de cruauté, de pédanterie, d'impuissance chez l'homme.

Mme N... était jolie, suffisamment ardente, elle aimait son mari et n'éprouvait aucune répugnance pour l'étreinte, bien que celle-ci ne lui apportât pas de grandes joies. Ceci ne dépendait pas d'elle mais de son mari, qui l'avait épousée uniquement pour sa dot et préférait aller exercer chez une maîtresse son habile doigté de l'amour. Mme N... apprit la vérité, souffrit, puis se consola avec une amie, qui se trouva à point pour la convaincre avec une éloquence intéressée que tous les hommes ne valaient pas mieux que cet époux, qu'il était dérisoire de se compromettre pour eux et que l'on pouvait goûter sans danger, sans risques d'aucune sorte, un plaisir infiniment doux en compagnie d'une femme.

Mme... O avait épousé, ayant la dot réglementaire, un officier sans fortune. Celui-ci lui fit trois enfants de suite; elle manqua mourir et subit toutes les conséquences pénibles pour une femme d'être mère sans posséder l'argent nécessaire pour que les enfants et soi-même aient les gâteries qu'il leur faut.

Elle s'éloigna de ce mari-gigogne et, comme elle avait des sens, elle les contenta avec une saphiste, de qui elle n'avait point à craindre de progéniture supplémentaire.

Mme S... se trouvait, à vingt-six ans, l'épouse d'un homme prématurément vieux, malade et répugnant. Ses goûts la poussaient vers un amant ; mais le souci de sa réputation, la crainte d'ajouter aux tourments de son mari la retenaient. Une femme l'amena adroitement à admettre l'amour saphique et sut la garder.

Tout autre était Edmée H... Petite, noire, maigre, légèrement bossue, elle avait trouvé un mari grâce à sa dot, mais celui-ci n'avait pas tardé à se débarrasser de la corvée conjugale, et bien qu'elle fût des plus ardentes, résolue à tromper son mari avec le premier venu, elle n'avait pas trouvé d'amant.

Une femme s'intéressa à elle, la désira, sinon pour sa beauté, au moins pour la luxure contenue en elle. Elles s'unirent et connurent des joies extrêmes.

Mme T... n'était pas abandonnée de son mari mais son tempérament à elle ne pouvait pas s'accommoder de la règle d'hygiène qui amenait dans son lit tous les samedis un époux qui, le reste de la semaine, n'admettait pas que l'on attentât à sa chasteté.

Le hasard la mit en relation avec une lesbienne qui combla son appétit passionnel. Du reste, Mme T... ne bouda point pour cela l'offrande hebdomadaire de son époux. Certainement cette liaison saphique eut les meilleurs effets du monde. Discrète, sans dangers, elle préservait

15.

Mme T... d'amours masculines qui pouvaient lui amener le scandale et le déshonneur.

Une autre jeune femme à peu près dans le même cas que Mme T... reconnaissait volontiers qu'elle acceptait avec un plaisir plus vif, plus reconnaissant les démonstrations un peu rares de l'amour conjugal depuis qu'elle s'adonnait au saphisme.

*
* *

Pour les adoratrices du coït factice, la question est des plus complexes. Souvent, il est vrai, la femme resterait fidèle à son mari si celui-ci consentait à varier et pimenter leur liaison par des raffinements qui lui sont indispensables ; mais il arrive aussi que cette sorte de femme n'aime pas l'homme, s'irrite de ses façons, ne conçoive aucune sensualité dans ses bras.

Ce qu'il lui faut, ce qui contente ses sens, c'est l'accomplissement par une amie à laquelle elle se révèle sans gêne, d'imaginations parfois morbides, quelquefois saugrenues, toujours singulières.

Il y a entre les femmes une camaraderie naturelle, une tolérance de leurs fantaisies, une compréhension tacite de leurs goûts qui, si elles enlèvent du mystère et du piquant aux amours saphiques, permettent aux adeptes de s'enfoncer sans embarras et sans timidité dans les voies de luxure qu'elles redoutent souvent d'aborder avec un homme.

La femme, naturellement coquette, sachant l'influence que sa grâce, sa relative pudeur, sa préoccupation d'esthétique lui donnent de prestige vis-à-vis de l'homme, ne consent pas volontiers à descendre de son piédestal devant lui.

Elle a raison.

L'homme déteste la femme sensuelle; il méprise et se détache de celle qu'il trouve trop semblable à lui-même. Son plaisir n'est pas de partager des joies sensuelles égales. Donc la femme qui veut garder sa souveraineté près de l'homme fait bien de se voiler de mystère et de nier ses réelles aspirations.

Mais, par le fait que, dans les conjonctions amoureuses, la femme joue presque toujours un rôle, ne s'abandonne jamais à ses instincts complètement, elle ne saurait goûter près de l'homme toutes les joies qu'il connaît avec elle.

Pour certaines, qui, sensuelles, curieuses, imaginatives, aspirent à la luxure, à des raffinements des « vautrements » si l'on veut, qu'elles n'osent se permettre près de leurs époux ou amants, c'est une joie incomparable de pouvoir se livrer sans entraves à leurs aspirations auprès de femmes, dans une intimité complaisante et clair-voyante sans hostilité.

Je demandais un jour à une saphiste : « En somme, que faites-vous de plus avec votre amie que ce que vous faites avec votre mari ? — Elle me répondit avec vivacité : — Tout ce dont il croit que j'ignore l'existence !... » La vérité, c'est que, pour la femme, l'amante, c'est la réalisation en luxure de tout ce qu'elle n'ose accomplir avec l'homme.

C'est pourquoi, nous l'avons déjà dit, il n'est pas douteux que l'amour saphique ne soit infiniment plus fécond en joies matérielles que l'amour naturel pour la femme, si, d'autre part, il reste inférieur ici, au point de vue cérébral : la femme goûtant auprès de l'homme des satisfactions mentales, émotives, vaniteuses, tendres, etc., qu'elle ne saurait retrouver en compagnie d'une de ses pareilles.

XXXIII

L'HOMME ET LES CARESSES SAPHIQUES

La question a été mainte fois posée de savoir si un homme désireux de s'assurer de la fidélité de sa femme doit s'efforcer de la maintenir dans un état de chasteté relatif, l'empêcher de rêver de luxure et ne lui donner en amour que la ration banale — la tranche de bouilli sans aucun condiment. Ou bien, au contraire, s'il est plus habile de sa part de la saturer de toutes les joies sensuelles imaginables, afin qu'elle n'ait pas la tentation d'aller les apprendre ailleurs.

Les détracteurs de la première version disent :

« Vous essaierez vainement de tenir votre femme dans l'ignorance. Tout, autour d'elle, la renseignera ; elle apprendra fatalement que les médiocres plaisirs que vous lui offrez ne sont pas les seuls à la portée des créatures. Et, moins ils lui seront familiers, plus elle souhaitera les connaître, tentée par l'inconnu, attirée par le défendu. Traiter sa femme par le sèvrement de toutes les joies qui, en somme, sont son droit, c'est l'infaillible moyen de se l'aliéner, de la jeter dans les bras de celui ou de celle qui promettra de lui révéler le paradis où vous refusez de la guider. »

Ceux qui déconseillent le second parti argumentent ainsi :

« Vous forcez la femme à sortir du sentier paisible et glacé qui a été le sien jusqu'au seuil du mariage ; vous l'habituez aux ivresses, aux luxures ; vous lui créez des besoins et des curiosités : comment pouvez-vous supposer que vous serez capable de satisfaire tout ce que vous aurez engendré en elle. Assouplissez ses sens, affinez sa sensualité et vous la précipiterez fatalement vers la recherche de joies plus nouvelles et plus aiguës, de compagnons de plaisir plus experts ou tout simplement autres que vous-même. »

Les deux opinions sont au fond fort justes.

Cela reviendrait-il donc àc ette conclusion que, quelque conduite que l'on suive, la femme se tournera toujours vers les voies que vous souhaitez lui interdire ?

Pas tout à fait.

La vérité, c'est que, pour certaines natures de femmes, le système de chasteté à outrance, l'entretien d'une pudeur, d'une austérité exagérées auront du bon et la maintiendront dans des bornes qu'elle n'osera pas franchir. Mais, le procédé identique appliqué à un esprit plus indépendant, plus curieux, dont les sens sont naturellement plus développés, obtiendra le résultat inverse : la femme cloîtrée dans la vertu ne songera qu'à sauter le mur.

Au contraire, celle-ci, rassasiée par les joies que lui fera connaître son mari, s'en contentera.

Seulement, s'il arrive qu'elle possède une cérébralité encore plus active, une prédisposition plus nette vers la volupté, il est parfaitement certain que les enseignements du mari seront la clef du grand livre dont elle voudra feuilleter, sinon toutes les pages, au moins un bon nombre de chapitres.

En ce cas, le mari n'est que l'avant-propos, vite délaissé pour courir au cœur du sujet.

Jusqu'ici, nous parlons des bonheurs sensuels dans un sens général, mais nous croyons qu'il est intéressant de descendre dans le détail, c est pourquoi nous étudierons cette question :

« Les caresses saphiques données par un

homme à une femme peuvent-elles lui causer des joies égales ou supérieures à celles qu'une femme lui apporte en pareille occurrence ? »

Au premier abord il semble que la réponse doive être affirmative.

En effet, si la femme, pour donner à sa compagne l'illusion de la possession mâle, est obligée de recourir à des subterfuges plus ou moins susceptibles de provoquer l'illusion, l'homme, pour donner, en plus des joies naturelles, celles de l'amour lesbien, est armé de tout ce qu'il faut : comme l'amante, il possède des lèvres et des doigts.

Ce serait pourtant une grossière erreur de croire que la jouissance saphique peut être indifféremment donnée par un homme ou par une femme.

Si la femme mâle est inapte à procurer à sa compagne exactement les ivresses que celle-ci éprouverait dans les bras d'un homme ; celui-ci est impuissant à apporter en la femme l'émotion spéciale que lui fera éprouver une autre femme.

Lors de la caresse saphique donnée par un homme normal, la femme n'est jamais complètement à son aise ; d'abord, par suite des sentiments complexes analysés précédemment qui font que la femme ne se sent jamais en parfait abandon près de l'homme ; puis, tout lui rappelle que ces caresses ne sont pour l'homme qu'un prélude, qu'un moyen d'excitation pour l'acte qui est, ou indifférent, ou désagréable, ou craint par celles qui sont les ferventes du baiser saphique sans coït ou simulacre de coït.

Ce désir, étranger au sien, en quelque sorte la menaçant, détruit toute la sécurité du plaisir féminin qui est la source de ses meilleures joies avec un partenaire de son sexe.

D'ailleurs, il ne faut pas oublier que, pour la plupart des lesbiennes, le baiser proprement dit n'est pas tout dans la caresse : selon les amantes, celle-ci prend une variété de formes qui, pour donner le plaisir complet, exige les grâces, les souplesses de la femme, ainsi que ses beautés spéciales. L'homme évolue dans le saphisme comme l'ours qui prendrait le félin comme modèle. Il pourra imiter fidèlement les actes de son maître, il restera toujours un ours.

Avec l'inverti mâle, impuissant par goût ou par tempérament, la femme possède, il est vrai, la même tranquillité qu'auprès d'une femme ; mais alors la caresse saphique donnée par celui-ci n'est qu'un geste de complaisance qui n'est accompagné d'aucun plaisir.

En effet, l'inverti, tout à sa manie de jouer la femme, ne jouit pas de caresser une femme. Il achète simplement, par sa docilité à complaire à celle-ci, le droit de réclamer à son tour qu'on flatte son goût.

Cependant, il est des cas spéciaux où la caresse saphique d'un homme ou d'un inverti pourra ravir intensément une femme.

L'hermaphrodite très également douée des sens différents de l'homme et de la femme trouvera dans le contact de l'inverti des vibrations nouvelles et multiples.

L'invertie pure, c'est-à-dire la femme aux goûts masculins sans aucune tendance féminine, éprouvera une âcre joie orgueilleuse à soumettre à la caresse saphique le désir de possession d'un homme viril et sain.

XXXIV

LA VOLUPTÉ CHEZ LA PETITE FILLE

C'est un fait reconnu et facilement contrô-
lable que le sens de la volupté naît chez l'enfant
et particulièrement chez la petite fille bien avant
sa puberté.

La sensibilité des organes génitaux prend
naissance, on peut dire, presque avec la vie du
petit enfant.

Ce qui prouve cette assertion, c'est, comme
nous l'avons déjà mentionné, l'exécrable habitude de tant de nourrices de masturber leurs
nourrissons et de leur faire contracter cette manie
pour les rendre plus maniables.

La « fricarelle » du clitoris d'une petite fille,
quel que soit son âge, amène en elle une sensation plus ou moins vive, mais ne reste jamais
absolument sans écho.

Plus l'enfant est jeune, plus la sensation est aisée à obtenir; parce qu'alors l'acte n'éveille pas en elle la honte, l'étonnement, l'effroi, l'intimidation qu'il produirait plus tard et qui viendrait paralyser plus ou moins l'impression.

Ce qu'il est intéressant de noter et qui prouve combien l'amour sentimental allié à l'amour sensuel est factice, résultat de complications amenées par la civilisation, c'est que la volupté des enfants est toujours matérielle, en quelque sorte mécanique, aucunement liée à un sentiment d'amour ou d'affection.

L'onanisme de la petite fille est instinctif; elle accomplit un geste que le hasard lui a révélé agréable, elle ne connaît pas la cause profonde qui provoque en elle ces sensations.

Cependant, en même temps que son clitoris prend plus de sensibilité, il se lève des impressions cérébrales conjointes aux sensations nerveuses.

Il arrive un moment où l'orgasme est toujours accompagné de pensées, d'images, de scènes plus ou moins confuses et présentant néanmoins une certaine association d'idées qui, obscurément, se rapportent à l'acte amoureux.

En général, le spasme voluptueux éveille chez la petite fille l'idée de tourments, de persécution, de châtiments subis, d'aventures pleines d'effroi et de mystère, et, en même temps, ces tourments, cet inconnu, lui sont précieux.

Tandis que l'orgasme impérieux s'emparait d'elle, « Marie » croyait que sa mère l'injuriait, la frappait ; et, loin d'éprouver une sensation pénible, cette souffrance imaginaire l'exaltait ; elle se confondait si bien avec l'impression voluptueuse obtenue par le frottement du clitoris de l'enfant que, toujours, ensuite, elle recommençait mentalement son même petit roman.

C'était au lit, le soir, avant de s'endormir qu'elle se livrait à la masturbation.

Et, dès que ses doigts avaient rejoint son sexe, son esprit travaillait, mettait en scène le toujours pareil petit drame. Elle avait commis quelque faute, sa mère la grondait, elle demandait pardon, suppliait qu'on ne lui donnât pas le fouet, sa mère devenait plus colère, la saisissait et, avec les affres délicieuses de l'orgasme, la petite fille se débattait, ravie sous la correction de rêve.

Une autre, « Claire », avait un père sombre, taciturne, âgé, qui, sans jamais la châtier, lui inspirait pourtant une terreur invincible.

Quand elle pensait à lui ou parlait de ses terreurs à ses petites amies, elle ne l'appelait jamais père ou papa, mais le désignait sous le nom qui pour elle était synonyme d'un mystère plein d'effroi : l'homme.

Quand elle commença à se masturber, l'idée qu'elle commettait quelque chose de défendu amena fatalement dans son cerveau la pensée que « l'homme » la punirait. L'image de son père s'allia donc involontairement à la volupté qu'elle s'accordait. Et, tout naturellement, l'angoisse sensuelle prit dans son esprit la forme d'épouvante personnifiée par l'être qu'elle craignait le plus au monde.

Par une association d'idées auxquelles elle ne pouvait qu'obéir, son roman sensuel à elle était lié à son père.

Avec un effroi plein de délices, elle l'imaginait s'approchant d'elle, la transperçant de son regard sévère, énigmatique, prononçant des paroles dont le sens lui demeurait étranger, puis, tout à coup — et ceci coïncidait avec le spasme — l'attachant pour la battre, la torturer, la faire mourir.

Pour « Henriette », l'impression qui s'alliait à la volupté était la terreur du naufrage. La plus grande épouvante de son existence de fillette avait été une promenade en mer assez périlleuse, et c'était cette impression qui, dans l'orgasme, revenait s'imposer à elle.

Une autre, particulièrement impressionnée par l'incendie, se voyait, au moment du spasme, environnée de flammes. De ses lèvres montaient des cris d'appel que, parfois, ses parents surprirent et qu'ils attribuaient à de mauvais rêves, ne se doutant pas que, dans son petit lit blanc de fillette, Alice, parfaitement éveillée, se donnait par la masturbation toutes les joies de la volupté la plus intense.

Nous pourrions multiplier ces exemples à l'infini; dans tous l'on retrouverait la même impression causée par la volupté, qui, pour la petite fille, s'allie toujours à une terreur, mais une terreur qui lui est agréable et chère.

C'est la même loi d'attrait de l'inconnu, de l'effroi d'une force supérieure qui fait que la passionnette d'une adolescente va presque toujours à un homme d'un certain âge, qui lui fait peur, mais qui l'hypnotise en quelque sorte, et à qui elle souhaite passionnément, servilement, plaire.

Quelquefois cette adoration troublée de la fillette va à son propre père, ou bien à un oncle, à n'importe quel ami âgé de la maison, pourvu que celui-ci lui paraisse avoir une supériorité quelconque.

Son amour se traduit par la hantise perpétuelle de l'individu; elle veut fébrilement lui plaire, se désole de n'être qu'une petite fille pour lui, se réjouit follement s'il lui a parlé, l'a regardée, lui a fait un compliment. Un baiser de lui l'affole.

Pourtant, elle ne sait rien de l'union des sexes, et il est bien rare, même si elle pratique la masturbation, et que l'image de l'élu préside à son spasme, qu'elle songe à ce qu'il puisse lui-même, par son geste, lui apporter ce bonheur.

Elle mourrait de honte en songeant que son idole saurait ce qu'elle fait en cachette et qui lui paraît abominable et indécent, parce qu'elle croit les organes qu'elle touche uniquement destinés à des choses laides, sales et bonnes à cacher.

Cependant, si la fillette s'est habituée au couvent, en pension, au masturbage à deux, à l'aveu de son vice, à son partage, elle concevra plus aisément l'idée que l'homme qu'elle distingue pourrait lui apporter la joie sensuelle.

Si elle ignore que la verge de l'homme est chargée de l'emploi qu'elle attribue à la main, elle peut arriver à désirer le geste au moins manuel d'un homme.

Du reste, il n'est pas rare qu'une fillette s'éprenne d'un homme et qu'elle satisfasse de préférence seule ou avec une autre jeune fille les troubles sensuels qu'il lui cause. Avec lui, elle n'oserait pas, cela lui couperait son plaisir.

XXXV

LE SAPHISME EST-IL UN CAS D'ADULTÈRE ?

Un mari dont la femme fait l'amour avec une autre femme peut-il se considérer comme trompé aussi bien que si l'amante était un homme ?

Les avis sont extrêmement partagés sur cette question, bien qu'en général on estime que l'adultère — s'il y a adultère — est moins grave du moment que le coït n'a pas eu lieu.

Le sujet est fort complexe.

Pour l'homme de moralité sévère, de principes farouches, le cas de vice hors nature que commet la femme lesbienne aggrave plutôt le péché. Volontiers, celui-là dira que l'adultère saphique est plus criminel que l'adultère naturel.

Mais, ceci est une opinion théorique. Si ce moraliste se trouvait personnellement touché par la question, il est probable que comme tous les hommes, s'il lui fallait absolument être cocu, il préférerait encore que son rival fût une femme.

La raison de cette préférence est instinctive et naturelle.

L'homme normal a horreur et dégoût de la sexualité d'un autre homme ; il est jaloux de sa mentalité. Sa souffrance et sa rage de l'adultère proviennent du sentiment que l'on estime plus son rival que lui-même et ensuite du fait que, matériellement, la femme lui apparaît polluée, souillée par les caresses et le coït d'un étranger.

L'être a naturellement le dégoût d'un autre être ; l'amour fait passagèrement disparaître cette répulsion d'un sexe à un autre, mais il demeure entre gens de même sexe.

L'horreur de la femme adultère, c'est surtout l'horreur des traces de l'autre homme.

Au contraire, l'amante n'inspire pas de dégoût à un homme. La pensée que des lèvres saphiques ont parcouru le corps de sa femme peut amener une impression colère et jalouse dans l'esprit d'un mari, mais elle ne provoquera aucun sentiment de répugnance et de nausée.

De même son amour-propre sera moins froissé, parce qu'il se croit toujours supérieur à une femme et ne peut imaginer que sa femme lui préfère réellement son amante.

*
* *

De vieilles lois tranchaient autrefois la question de l'adultère avec une simplicité dont ne s'accommoderait guère notre esprit plus subtil d'aujourd'hui.

Il n'y avait adultère, déclaraient les anciens juges, que lorsque entre un homme étranger et une femme mariée il y avait eu coït, c'est-à-dire introduction du pénis dans la matrice de la femme avec ou sans émission de sperme.

De cette façon, tous jeux de mains, de lèvres, tout coït par l'anus ou à côté de la vulve était considéré comme péché véniel et n'entachait point l'honneur de l'époux.

De nos jours, les idées ne sont point si larges, et le fait que deux êtres ont provoqué chez eux l'orgasme vénérien par des caresses intimes constitue un adultère suffisant.

En fait, dès qu'une sensation d'amour caractérisée par le spasme s'est produite chez une femme mariée, amenée chez elle par un individu qui n'est pas son mari, il y a adultère, puisque la nature essentielle du contrat est de promettre que l'on réservera à son conjoint toutes ses manifestations sexuelles.

A ce point de vue, les relations saphiques sont indubitablement de l'adultère.

Il est curieux d'examiner, à propos de ce sujet, les jugements de divorce motivés par des cas d'adultère saphique.

En général, le divorce est accordé au bénéfice du mari, mais l'on n'admet pas l'adultère, l'on parle de « l'inconduite », des « mœurs vicieuses » reconnues de l'épouse.

Dans l'un de ces jugements, nous trouvons pourtant ceci :

« Attendu que, par voie d'organes virils imités et ses caresses réitérées, la dame X... a maintes fois simulé le coït sur la personne de l'épouse Z... et provoqué en elle toutes les satisfactions amoureuses d'un coït naturel, l'existence de l'adultère est constatée. »

Il est vrai que, dans une autre affaire de même nature, les mêmes faits sont interprétés tout à l'inverse.

« Attendu qu'il ne peut être invoqué d'adultère, puisque les rapports sexuels entre la dame X... et la femme Z... n'ont été qu'imaginaires et simulés à l'aide d'objets qui ne sauraient être assimilés aux organes naturels. »

Et dans un autre encore, où le divorce était refusé.

« Le sieur X... se plaint indûment d'adultère, vu que celui-ci ne saurait avoir été consommé sur l'épouse dudit X... par la dame Z... qu'il a désignée comme ayant eu des relations coupables avec son épouse. L'adultère résulte du fait du coït, lequel n'était pas au pouvoir de la dame Z... qui appartient au sexe féminin. »

Et, plus loin, les ébats de deux dames étaient qualifiés de « jeux répréhensibles » que le mari devait interdire, sans pourtant pouvoir s'en prévaloir pour obtenir le divorce, car « il n'y avait eu ni dol ni dommage causé par le fait de caresses qu'à la rigueur on pouvait expliquer par la tendresse naturelle entre personnes de même âge et de même sexe.

A notre grand regret, nous n'avons pu savoir ce qu'il était advenu par la suite du ménage X... Le mari avait-il toléré la tendresse des deux femmes, convaincu qu'il n'y avait point lieu de craindre l'adultère ?... Ou s'était-il fait justice en corrigeant la dame Z... Ou encore s'était-il dédommagé de sa tolérance en réclamant sa part des « jeux innocents » des deux dames ?

FIN

TABLE DES MATIÈRES

	Pages.
AVANT-PROPOS	V
I. L'anatomie sexuelle féminine.	1
II. Étymologie des mots saphisme, lesbien, etc.	9
III. Définition du saphisme.	12
IV. Origine du saphisme. — Les saphistes dans l'histoire. — Les grandes dames, les artistes, les femmes galantes de l'antiquité à nos jours.	14
V. Les sociétés saphistes au xviiie siècle.	19
VI. L'amour lesbien moderne. — Ses deux grandes divisions : la passion sexuelle, la passion sentimentale	29
VII. Les lesbiennes sensuelles	33
VIII. La sensualité chez la femme	54
IX. L'illusion de l'amour naturel	69
X. La psychologie de l'amour lesbien. — L'anesthésie sexuelle de la femme. — L'hyperesthésie sexuelle de la femme ou nymphomanie	77
XI. La femme éternellement femme	85
XII. L'homosexualité féminine. — La femme mâle ou invertie.	101
XIII. La femme hermaphrodite	121
XIV. Les cinq sens dans l'amour saphique.	126

XV. Les attitudes de l'amour lesbien. — Leur rapport psychologique avec l'homosexualité 131
XVI. Les aberrations saphiques 135
XVII. Les aberrations de l'ouïe 138
XVIII. Les aberrations du goût 149
XIX. Les aberrations de l'odorat 154
XX. Les aberrations de la vue 157
XXI. Les aberrations du toucher 172
XXII. Les artifices de la volupté lesbienne. — Le saphisme curable par l'hygiène 180
XXIII. Les imprudences lesbiennes. — Les maladies saphiques 183
XXIV. Comment l'homme envisage le saphisme . 187
XXV. La participation de l'homme dans le saphisme. 194
XXVI. Les lesbiennes sentimentales. 198
XXVII. Le saphisme sadique. 210
XXVIII. Le masochisme. — La sodomie 227
XXIX. La sensualité chez les aliénées. — La nymphomanie 231
XXX. L'amour lesbien à travers le monde . . . 240
XXXI. L'amour saphique comparé à l'amour naturel 247
XXXI . Le saphisme et l'amour naturel 252
XXXIII. L'homme et les caresses saphiques . . . 265
XXXIV. La volupté chez la petite fille 271
XXXV. Le saphisme est-il un cas d'adultère ? . . 277

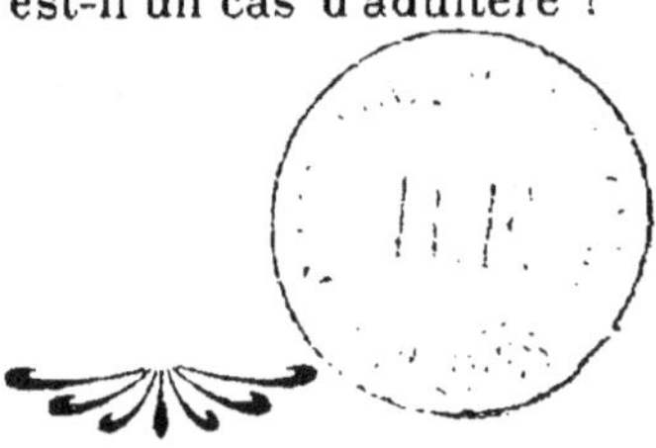